高等学校数字智能产教融合系列教材

影视修复实训

邓恺 王硕 汤清寅 主编

周兴伟 宁慧春 王登吟 丁梦莲 副主编

清华大学出版社
北京

内 容 简 介

本书从影视画面修复及影视音频提升的基础概念出发,通过13个具体任务书的活页式编排手法,详尽阐述了主流音视频数字化修复技术的理论基础及其实际应用,涵盖胶片转数字、画面质量提升、色彩校正、音频修复以及后期合成等多方面,逐步引导学生深入理解其背后的原理与技术。

本书可作为高等院校、职业院校的教材,其适用广泛,可适用于数字媒体技术、数字媒体艺术、影视制作、录音技术、影视动画、摄影摄像、动漫制作技术、音像技术等多个计算机设计及影视艺术专业领域,形成全面且系统的音视频数字化修复教学体系。

本书封面贴有清华大学出版社防伪标签,无标签者不得销售。
版权所有,侵权必究。举报:010-62782989,beiqinquan@tup.tsinghua.edu.cn。

图书在版编目(CIP)数据

影视修复实训 / 邓恺,王硕,汤清寅主编. -- 北京:清华大学出版社,2025.4.
(高等学校数字智能产教融合系列教材). -- ISBN 978-7-302-68549-4

Ⅰ. TP317.53

中国国家版本馆 CIP 数据核字第 20252UF451 号

责任编辑:田在儒
封面设计:刘　键
责任校对:刘　静
责任印制:宋　林

出版发行:清华大学出版社
　　　　　网　　址:https://www.tup.com.cn,https://www.wqxuetang.com
　　　　　地　　址:北京清华大学学研大厦 A 座　　　邮　编:100084
　　　　　社 总 机:010-83470000　　　　　　　　　邮　购:010-62786544
　　　　　投稿与读者服务:010-62776969,c-service@tup.tsinghua.edu.cn
　　　　　质量反馈:010-62772015,zhiliang@tup.tsinghua.edu.cn
　　　　　课件下载:https://www.tup.com.cn,010-83470236
印 装 者:三河市铭诚印务有限公司
经　　销:全国新华书店
开　　本:185mm×260mm　　　印　张:17.75　　　字　数:403 千字
版　　次:2025 年 5 月第 1 版　　　　　　　　　　印　次:2025 年 5 月第 1 次印刷
定　　价:59.00 元

产品编号:108627-01

前言

随着人工智能技术的深入发展，机器学习——深度学习（Deep Learning）在音视频数字化修复中的应用日益显著，促使影视修复技术朝智能化方向发展。传统的影像修复工作往往需要修复师对图像进行逐一分析和处理，而深度学习技术的应用使得这一过程实现自动化。系统能够自动识别图像中的问题和缺陷，并根据其特点自动选择合适的修复方法和参数。这不仅提高了工作效率，还使修复结果更加准确和可靠。例如，在修复流程中使用全局闪烁或局部闪烁去除模块，能够根据不同区域的需求进行精准修复。

音视频数字化修复技术的迭代和创新为影片修复工作带来了前所未有的便利与效率。智能化修复决策使影像修复过程更加精准和高效。通过深度学习技术，系统能够不断学习和积累修复经验，在面对不同问题时能够作出更加智能和准确的决策。这不仅可以提高修复效果，还可以为修复师提供更加有力的帮助。

红色影像资料作为我们党领导人民在革命斗争中所孕育出的精神文化瑰宝，不仅深刻体现了中国共产党和中国人民的伟大创造精神，更是坚定文化自信的重要基石。

因此，在数智时代背景下通过修复和升级红色影片，用光影展现百年征程，完成"经典资源"到"红色产品"的转化，可为丰富的红色文化资源保护及高效利用注入新活力。

本书可以作为高等学校数字媒体技术、数字媒体艺术、影视制作、录音技术、影视动画、音像技术等多个计算机设计及影视艺术专业的实训实践教材。

本书汇集了众多音视频数字化修复领域一线工作人员的心得体会，由邓恺、王硕、汤清寅任主编，周兴伟、宁慧春、王登吟、丁梦莲任副主编，易晓波、葛格、付慧、李旭成等人也提供了宝贵经验。在此，对所有为本书撰写工作提供帮助的同仁表示最诚挚的谢意！

编　者

2025 年 1 月

教学资源

目录

模块1　电影胶片数字化扫描

任务1　电影胶片扫描与数据采集 3
 1.1　胶片扫描流程 15
  1.1.1　Cintel Scanner 介绍 15
  1.1.2　Cintel Scanner 图解 15
  1.1.3　连接 DaVinci Resolve 15
  1.1.4　安装胶片 17
 1.2　使用 DaVinci Resolve 从 Cintel 进行数据采集 19
  1.2.1　Cintel Resolve 扫描仪界面 19
  1.2.2　DaVinci Resolve 参数设置 20
  1.2.3　电影《红孩子》胶片扫描工作流程 21

模块2　影视修复项目资料管理

任务2　数字化格式管理 27
 2.1　理解胶片数字化格式的基本原理和技术 39
  2.1.1　数字化格式概括 39
  2.1.2　文件格式转码和压缩 39
 2.2　胶片的数字化格式要求 39
  2.2.1　数字化扫描格式 39
  2.2.2　图像质量要求 39
  2.2.3　应用 DaVinci 对影像转码与导入 40
 2.3　使用 DaVinci 交付界面进行转码输出 41

任务3　数字化文件管理 43
 3.1　理解胶片数字化影像文件管理基本原理 55

- 3.1.1 文件夹命名规则 55
- 3.1.2 图像序列文件命名规则 55
- 3.1.3 音频文件命名规则 55
- 3.1.4 质量控制 56
- 3.1.5 备份设置 56

模块3　电影《红孩子》画面降噪修复

任务4　DRS软件概述 59
- 4.1 DRS软件工作内容 71
  - 4.1.1 脏点修复 71
  - 4.1.2 划痕修复 71
- 4.2 DRS软件工作界面 72
  - 4.2.1 主窗口介绍 72
  - 4.2.2 显示选项介绍 72
  - 4.2.3 系统偏好设置介绍 75
- 4.3 DRS软件项目管理介绍 77
  - 4.3.1 项目创建和设置 77
  - 4.3.2 创建剪辑 83
  - 4.3.3 为剪辑做准备工作 85
  - 4.3.4 创建与提交版本 85
- 4.4 DRS常用工具介绍 87
  - 4.4.1 Scratch（划痕修复）工具 87
  - 4.4.2 DRS工具使用界面 88
  - 4.4.3 Deflicker（抗闪烁）工具 88
- 4.5 DRS常用快捷键 89

任务5　画面划痕修复 90
- 5.1 DRS软件画面划痕修复工作内容 102
  - 5.1.1 画面划痕修复介绍 102
  - 5.1.2 DRS软件的Scratch工具介绍 102
  - 5.1.3 DRS软件的Paint工具介绍 102
- 5.2 划痕修复工作界面 102
  - 5.2.1 划痕修复工具——DRS软件的Scratch工具窗口介绍 102
  - 5.2.2 划痕修复工具——DRS软件的Paint工具窗口介绍 105
- 5.3 划痕修复工具快捷键 108
- 5.4 划痕修复工具使用步骤 108

| 5.4.1   Scratch 工具使用步骤 ··· 108
| 5.4.2   Paint 工具使用步骤 ··· 109

任务 6　画面噪点修复 ··· 111
   6.1　DRS 软件画面噪点修复工作内容 ··································· 123
       6.1.1　画面噪点修复介绍 ··· 123
       6.1.2　DRS 修复噪点常用命令属性 ································· 123
   6.2　DRS 修复噪点项目操作实例 ······································· 126
   6.3　DRS 调整噪点修复操作实例 ·· 128

任务 7　修复画面闪烁 ··· 129
   7.1　DRS 软件画面闪烁修复工作内容 ··································· 141
   7.2　抗闪烁工具运用 ··· 142
       7.2.1　Global（全局处理） ··· 142
       7.2.2　Zonal（区域型处理） ··· 142
       7.2.3　局部抗闪烁操作步骤 ··· 144
       7.2.4　抗闪烁工具快捷键 ··· 144

模块 4　影视音频提升处理

任务 8　音频拆分 ·· 147
   8.1　拆分音频文件 ··· 159
       8.1.1　iZotope RX 11—— 一款强大的音频编辑软件 ············ 159
       8.1.2　UVR5 ··· 159
   8.2　制订音频修复方案 ·· 160
       8.2.1　文件素材导入 RX 11 对文件频谱进行参数分析，并制订修复计划 ········ 160
       8.2.2　根据计划安排分别使用 RX 11 和 UVR5 导入素材文件 ············ 161
   8.3　评价处理后的音频文件 ·· 163
   8.4　保存处理后的音频 ·· 163

任务 9　ProTools 软件基本设置与操作 ······································· 164
   9.1　ProTools 工作站设置介绍 ··· 176
   9.2　ProTools 编辑器的基本操作 ·· 176
       9.2.1　了解 ProTools 功能区 ··· 177
       9.2.2　编辑音频文件 ·· 180
   9.3　建立轨道编组——Group ·· 181
   9.4　保存音频 ··· 181

任务 10　修复音频 ········· 183

10.1　制订音频修复方案 ········· 195
10.1.1　制订人声的修复方案 ········· 195
10.1.2　制订音乐与音响的修复方案 ········· 196
10.2　使用 RX 11 分离噪声 ········· 197
10.3　除去杂音 ········· 200
10.4　使用 AI 算法提升音质 ········· 202

任务 11　搭建 5.1 环绕声 ········· 205

11.1　扬声器的布局 ········· 217
11.2　环绕声格式 ········· 218
11.2.1　单声道转 5.1 声道布局 ········· 218
11.2.2　新建 ProTools 5.1 工程文件 ········· 219
11.2.3　设置系统的 I/O ········· 220
11.2.4　新建轨道并分组 ········· 221
11.2.5　导入素材调整声像 ········· 222
11.2.6　环绕声声像调整 ········· 223
11.2.7　低频声道的设置 ········· 224

任务 12　拟音与录音 ········· 225

12.1　电影录音 ········· 237
12.1.1　电影录音的历史 ········· 237
12.1.2　电影《新儿女英雄传》的录音技术 ········· 237
12.1.3　现代录音技术 ········· 238
12.1.4　电影 ADR 补录技术 ········· 238
12.1.5　ADR 技术 ········· 238
12.1.6　电影拟音技术 ········· 238
12.2　分析电影《新儿女英雄传》画面 ········· 239
12.3　设计声音修复方案 ········· 240
12.3.1　ADR 录音修复方案 ········· 240
12.3.2　拟音修复方案 ········· 241
12.4　拟音录音实战 ········· 242
12.4.1　ADR 录音实战 ········· 242
12.4.2　拟音实战 ········· 243
12.5　录音棚 ADR 人声补录与声音评价 ········· 243
12.5.1　拟音与录音校对流程 ········· 243
12.5.2　录音审核标准 ········· 243
12.6　保存音频文件 ········· 244

任务 13	后期混音制作	**245**
13.1	对齐音视频画面	257
13.2	初步音量平衡	259
13.3	效果器应用	260
	13.3.1 EQ 均衡器的使用	260
	13.3.2 压缩器的使用	261
13.4	对话人声避让	262
13.5	音乐与音效融合	264
13.6	立体声与环绕声处理	264
13.7	最终监听与调整	266
	13.7.1 平衡各个音轨	267
	13.7.2 声场调整	267
	13.7.3 动态处理	267
	13.7.4 混响与延迟	268
	13.7.5 母带处理	268
	13.7.6 响度标准化	270

模块 1
电影胶片数字化扫描

任务 1

电影胶片扫描与数据采集

任务表单

学习性工作任务单 1

学习场	影视修复		
学习情境	使用 Cintel 进行胶片影像信息采集		
学习任务	电影胶片扫描与数据采集	学时	4 学时（160 分钟）
工作过程	调整扫描仪色彩→提取影像→提取音频→片段处理→封装保存		
学习目标	（1）掌握 Cintel 扫描仪连接 DaVinci Resolve 软件的方法； （2）了解 Cintel 扫描仪外置配件的使用方法； （3）掌握电影胶片数字化扫描方法； （4）掌握电影胶片数字化扫描后的处理方法		
任务描述	通过 Cintel 扫描仪的使用，将电影《红孩子》胶片进行扫描并数字化存档		
学时安排	资讯 20 分钟 | 计划 10 分钟 | 决策 10 分钟 | 实施 80 分钟 | 检查 20 分钟 | 评价 20 分钟		
学生要求	（1）设备连接； （2）设备调节； （3）提取胶片影像； （4）提取胶片音频； （5）处理扫描片段； （6）数据封装保存		
参考资料	晋园园. 胶片数字化在 4K 电视节目制播中应用的可行性分析 [J]. 现代电视技术，2022(2).		

笔 记

资讯单 1

学习场	影视修复		
学习情境	使用 Cintel 进行胶片影像信息采集		
学习任务	电影胶片扫描与数据采集	学时	20 分钟
工作过程	调整扫描仪色彩→提取影像→提取音频→片段处理→封装保存		
收集资讯	（1）教师讲解； （2）互联网查询； （3）学生交流； （4）企业项目标准		
资讯描述	查阅相关书籍与文献资料，分析不同规格电影胶片的特性		
学生要求	（1）准备好学习用品及任务书； （2）课前做好预习； （3）了解电影胶片规格及特性		
参考资料	（1）相关文献资料； （2）产品使用说明书； （3）PPT		

笔 记

任务1　电影胶片扫描与数据采集

计划单1

学习场	影视修复		
学习情境	使用Cintel进行胶片影像信息采集		
学习任务	电影胶片扫描与数据采集	学时	10分钟
工作过程	调整扫描仪色彩→提取影像→提取音频→片段处理→封装保存		
计划制订	（1）学生分组讨论； （2）观察电影胶片状态，制订扫描方案； （3）扫描数据封装入库		

序　号	工作步骤	注意事项
1	调整扫描仪色彩	
2	提取影像	
3	提取音频	
4	片段处理	
5	封装保存	

计划评价	班　级		第___组	组长签字	
	教师签字		日　期		
	评语：				

笔　记

决策单 1

学习场	影视修复		
学习情境	使用 Cintel 进行胶片影像信息采集		
学习任务	电影胶片扫描与数据采集	学时	10 分钟
工作过程	调整扫描仪色彩→提取影像→提取音频→片段处理→封装保存		

计划对比

序号	计划的可行性	计划的经济性	计划的可操作性	计划的实施难度	综合评价
1					
2					
3					
4					
5					

	班　级		第___组	组长签字	
	教师签字		日　期		
决策评价	评语：				

笔记

任务1　电影胶片扫描与数据采集

实施单 1

学习场	影视修复		
学习情境	使用 Cintel 进行胶片影像信息采集		
学习任务	电影胶片扫描与数据采集	学时	80 分钟
工作过程	调整扫描仪色彩→提取影像→提取音频→片段处理→封装保存		
序　号	实施步骤	注意事项	
1	调整扫描仪色彩		
2	提取影像		
3	提取音频		
4	片段处理		
5	封装保存		
实施说明	（1） （2） （3） （4） （5）		
实施评价	班　级		第___组	组长签字
	教师签字		日　期	
	评语：			

笔　记

检查单 1

学习场	影视修复			
学习情境	使用 Cintel 进行胶片影像信息采集			
学习任务	电影胶片扫描与数据采集	学时		20 分钟
工作过程	调整扫描仪色彩→提取影像→提取音频→片段处理→封装保存			
序 号	检查项目	检查标准	学生自查	教师检查
1	资讯环节	获取相关信息的情况		
2	计划环节	在企业项目档期内胶片扫描工作情况		
3	实施环节	电影胶片数字化扫描		
4	检查环节	逐一检查各个环节		
检查评价	班 级		第___组	组长签字
	教师签字		日 期	
	评语：			

笔 记

任务1　电影胶片扫描与数据采集

评价单1

学习场	影视修复			
学习情境	使用Cintel进行胶片影像信息采集			
学习任务	电影胶片扫描与数据采集	学时		20分钟
工作过程	调整扫描仪色彩→提取影像→提取音频→片段处理→封装保存			
评价项目	评价子项目	学生自评	组内评价	教师评价
资讯环节	（1）听取教师讲解； （2）互联网查询情况； （3）学生交流情况； （4）企业项目标准情况			
计划环节	（1）查询资料情况； （2）在企业项目档期内胶片扫描工作情况			
实施环节	（1）学习态度； （2）使用Cintel进行胶片影像信息采集； （3）扫描片段调整			
最终结果	综合情况			
评　价	班　级		第___组	组长签字	
	教师签字		日　期		
	评语：				

笔　记

教学引导文设计单 1

学习场	影视修复	学习情境	使用 Cintel 进行胶片影像信息采集		
		学习任务	电影胶片扫描与数据采集		

普适性工作过程	典型工作过程				
	资讯	计划	决策	实施	检查	评价
扫描前测试						
调整扫描仪色彩						
提取影像						
提取音频						
片段处理						
封装保存						

笔 记

任务1　电影胶片扫描与数据采集

教学反馈单（学生反馈）1

学习场	影视修复		
学习情境	使用 Cintel 进行胶片影像信息采集		
学习任务	电影胶片扫描与数据采集	学时	4学时（160分钟）
工作过程	调整扫描仪色彩→提取影像→提取音频→片段处理→封装保存		
调查项目	序号	调查内容	理由描述
	1	资讯环节	
	2	计划环节	
	3	实施环节	
	4	检查环节	

您对本次课程教学的改进意见：

调查信息	被调查人姓名		调查日期	

笔　记

分组单 1

学习场	影视修复		
学习情境	使用 Cintel 进行胶片影像信息采集		
学习任务	电影胶片扫描与数据采集	学时	4 学时（160 分钟）
工作过程	调整扫描仪色彩→提取影像→提取音频→片段处理→封装保存		

	组别	组长	组员
分组情况	1		
	2		
	3		
	4		
	5		
	6		
	7		
分组说明			

班　级		教师签字		日　期	

笔　记

任务1　电影胶片扫描与数据采集

教师实施计划单 1

学习场	影视修复				
学习情境	使用 Cintel 进行胶片影像信息采集				
学习任务	电影胶片扫描与数据采集	学时	4 学时（160 分钟）		
工作过程	调整扫描仪色彩→提取影像→提取音频→片段处理→封装保存				
序号	工作与学习步骤	学时	使用工具	地点	方式	备注
1	资讯情况	20 分钟				
2	计划情况	10 分钟				
3	决策情况	10 分钟				
4	实施情况	80 分钟				
5	检查情况	20 分钟				
6	评价情况	20 分钟				
班级		教师签字		日期		

笔记

成绩报告单 1

_____班级_____姓名_____学习场（课程）成绩报告单

学习场	影视修复			
学习情境	使用 Cintel 进行胶片影像信息采集			
学习任务	电影胶片扫描与数据采集		学时	4 学时（160 分钟）
评分项	自评	小组评	教师评	企业导师评
资讯				
计划				
决策				
实施				
检查				

笔记

理论指导

1.1 胶片扫描流程

1.1.1 Cintel Scanner 介绍

Cintel Scanner 配备数字舵机、高强度漫射光源和成像系统,还配置超亮的 RGB LED 球形灯和高灵敏度图像传感器,是一台可以采用 Ultra HD 分辨率及高达 30fps 速度扫描 35mm 和 16mm 胶片的实时扫描仪。此外,其漫射技术可减少灰尘和刮擦痕迹,呈现极具惊艳美感的画面。

Cintel Scanner 内含扫描仪控制软件,可提供将胶片转换并采集成 Ultra HD 或 HD 文件所需的一切功能;扫描后的文件可在 DaVinci Resolve 中打开,用于调色、修复和母版制作;Cintel Scanner 是一个完善的解决胶片数字化的设计方案,不仅能提供胶片扫描和使用计算机进行调色所需的一切功能,还自带 Image Mill 图像稳定技术,并配备一个 35mm 胶片片门、两个胶片片轴、四个清洁滚轮和台式安装架。

1.1.2 Cintel Scanner 图解

Cintel Scanner 图解如图 1-1~图 1-3 所示。

左移门　　　　　　　　　　　　　　　　　　右移门

图 1-1　Cintel Scanner 外观

1.1.3 连接 DaVinci Resolve

运行 DaVinci Resolve 并选择 Media 界面。单击屏幕右上方的 Capture 按钮,然后选择 Film Scanner 选项卡,打开 DaVinci Resolve 的胶片扫描仪面板。扫描仪将采集大量图像数据,需要指定一个目标文件夹,以便 DaVinci Resolve 保存采集到的文件,如图 1-4 所示。

具体步骤如下。

(1) 运行 DaVinci Resolve。

(2) 单击 DaVinci Resolve 菜单栏的 Preference Settings 选项。

(3) 单击 Media Storage 选项卡中的加号图标。浏览并选择一个驱动或文件夹路径。

(4) 单击 Save 按钮,然后重启 DaVinci Resolve。

图 1-2 Cintel Scanner 正面

①—片芯弹簧夹；②—滚轮；③—PTR 滚轮；④—选购配件 Audio and Key Kode Reader 可通过左侧配件接口安装；⑤—张力卷片滚轮；⑥—保护板；⑦—光源；⑧—驱动轮；⑨—定位销扩展端口；⑩—顺片轮组；⑪—片卷背板；⑫—对焦轮

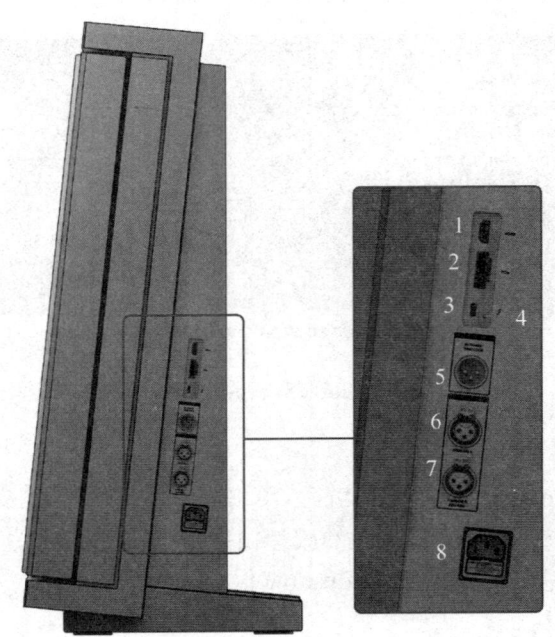

图 1-3 Cintel Scanner 侧面

①—HDMI 接口；②—PCIe 接口；③—Thunderbolt 3 接口；④—电源状态指示灯；⑤—双相位同步/时间码输出；⑥—XLR3 音频输入 1；⑦—XLR3 音频输入 2；⑧—电源接口

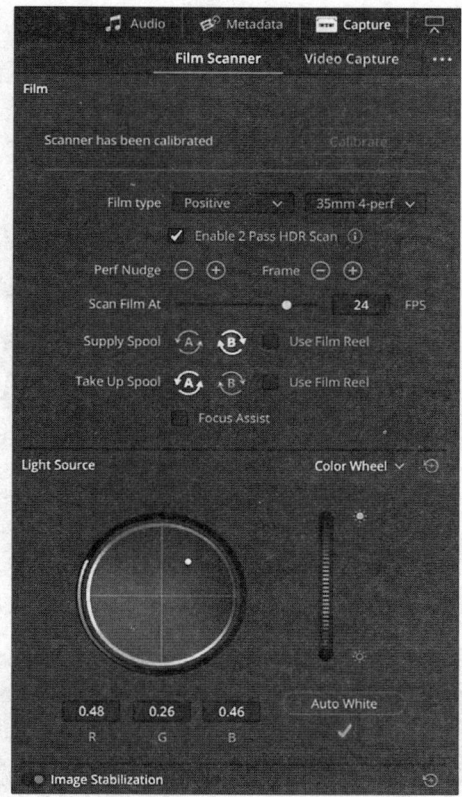

图 1-4　DaVinci Resolve 信号采集界面

1.1.4　安装胶片

扫描仪和 DaVinci Resolve 成功建立连接之后，完成穿片步骤。

1. 如何使用扫描仪

打开扫描仪的两扇移门。扫描仪内部前面板的左侧设有进片片卷，右侧设有出片片卷。进片片卷上放的是待扫描的胶片，出片片卷上放的则是已扫描的胶片。

2. 设置胶片卷片

设置卷片类型，以便片卷朝相应的方向滚动。在 DaVinci Resolve 的胶片扫描仪设置面板中，单击 Srpply Spool 和 Take Up Spool 按钮上的 B 图标和 A 图标，可将 Film Type 设置为 BA 类型。BA 是扫描仪的默认卷片类型，使用该类型时，进片片卷会沿顺时针方向转动，而出片片卷则会沿逆时针方向转动。同时，借此机会检查并确认胶片类型和片幅是否设置正确。

3. 安装出片片卷

将内附的 75mm 规格片卷片芯和片芯弹簧夹滑入扫描仪的出片控制轴上。安装并固定片芯弹簧夹时，按住弹簧夹按钮并同时将其推入控制轴，感觉到有阻力后，松开该按钮，再继续将片芯弹簧夹往同一方向顺势推入，直至听到固定到位的声音。

4. 装载胶片

按照第 3 步中介绍的操作步骤，将胶片卷或片芯安装到进片控制轴上，如图 1-5 所示。

注意：具体取决于使用的是片芯还是片卷类型的胶片，以及胶片是 35mm 还是 16mm 规格，操作步骤会稍有不同。

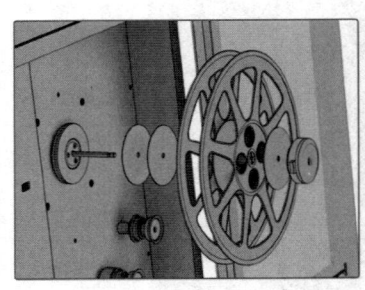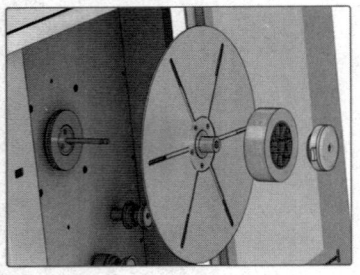

图 1-5　安装胶片卷

5. 穿片

根据如图 1-6 所示的指引，取几英尺长的牵引片，将其小心穿过扫描仪的滚轮。

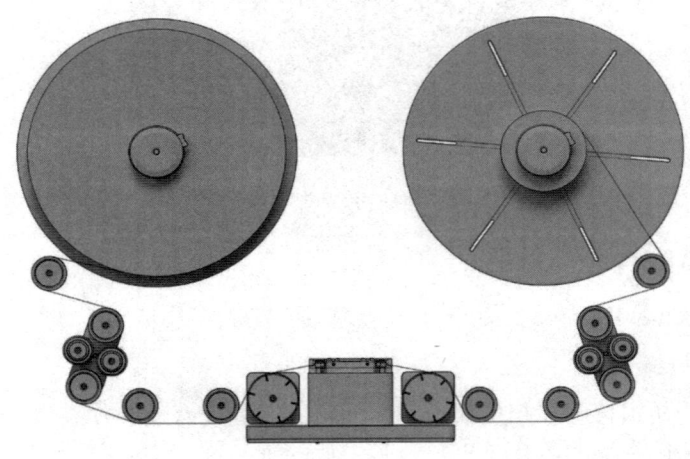

图 1-6　穿片

6. 拉紧胶片

为了使胶片固定在出片片卷上，将胶片尾端插入片卷上自带的小槽口中，然后轻轻用手卷动片卷数次，直至胶片拉紧到位。如果不想槽口内的胶片尾端弯折，则只需利用胶片的摩擦力自行卷动来使其固定到片卷上即可。也可以使用黏性较弱的胶带纸加以固定。开始拉紧胶片时，按 Load 按钮，或者同时手动转动进片和出片片卷。

7. 检查胶片

要检查胶片是否穿片妥当，按下扫描仪的播放按钮，或者单击 DaVinci Resolve 胶片扫描仪面板中的 Play 按钮即可。如果软件的检视器或者所连接的 HDMI 监视器上开始播放胶片影像，则表示扫描仪运行正常。根据具体的卷片方式，可能会发现图像出现横向或纵向翻转的情况。只需选择正确的胶片类型即可更正这一现象。

8. 对焦

与摄影机镜头的对焦一样，将投射到扫描仪传感器上的胶片影像进行聚焦。对焦轮位于扫描仪的中间位置。获得精准对焦的最佳方式是使用DaVinci Resolve胶片扫描仪面板里的对焦辅助功能。该功能与Blackmagic摄影机系列的峰值对焦功能类似，可在图像最清晰的部分显示绿色边缘。这样能更方便调整对焦，直到绿色高光显示最明显为止。通过选中DaVinci Resolve胶片扫描仪面板中的复选框来启用对焦辅助功能，然后一边调整对焦轮，一边查看Cintel Scanner通过HDMI接口输出的画面，或者查看胶片扫描仪面板中的检视器即可。

9. 关闭扫描仪的移门

为获得最佳扫描质量，建议关闭扫描仪的两扇移门。扫描仪的移门采用贴心设计，可在双门非常接近时降速轻缓关闭，因此只需将其双门相向滑动，直至感觉到移门启用弹簧缓冲装置即可松手。关闭移门可有效阻挡光线进入片门。

1.2 使用 DaVinci Resolve 从 Cintel 进行数据采集

1.2.1 Cintel Resolve 扫描仪界面

找到位于 DaVinci Resolve 屏幕顶部的用户界面工具栏，单击其中的 Collect 按钮，以便通过媒体界面控制 Cintel Scanner。如果要进行胶片扫描，则可打开 DaVinci Resolve 的 Flim Scanner 面板进行设置和校准，并选择相应选项来录入或扫描位于当前片卷的胶片中的一段选中范围。如果需要以更大空间查看 Cintel Scanner 选项卡，则可单击用户界面工具栏最右侧的全高按钮并关闭 Metadata 面板，如图 1-7 所示。

图 1-7　媒体界面中的 Cintel Scanner 选项卡

1.2.2 DaVinci Resolve 参数设置

在 Cintel Scanner 模式下,当将胶片扫描成片段并添加到媒体池中时,媒体界面检视器右侧会出现以下几组设置选项。

1. 校准

Calibration(校准)选项可用于校准扫描仪的光学元件,从而消除无法移除的光学瑕疵或灰尘,如图 1-8 所示。

注意:这一功能并非用于去除胶片本身的污迹。

2. 胶片类型

Film type(胶片类型)选项可用于选择所扫描的胶片类型,将胶片与传感器对齐,并选择扫描速度,如图 1-9 所示。

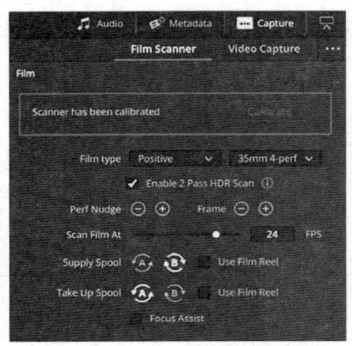

图 1-8 校准选项

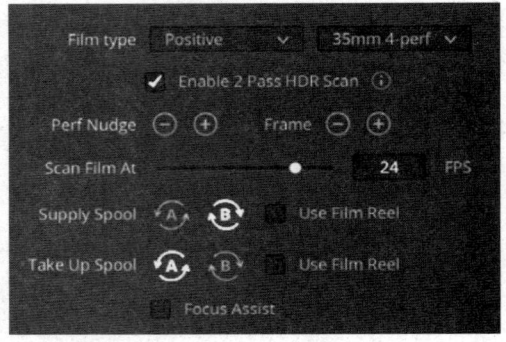

图 1-9 胶片类型选项

3. 光源

Light Source(光源)选项可用于调整扫描仪的光源,以便获得最佳 Dmin(最低密度),即最低扫描信号值,以及扫描获得的文件的最佳色温。使用 DaVinci Resolve 自带的波形图软件可帮助将光源设置到最佳级别。从媒体界面中依次选择"工作区"→"视频示波器"→"开启",可启用示波器功能,如图 1-10 所示。可以调节这些设置,以确保扫描过程中不会出现图像数据被裁切的现象。

(a) 校准前

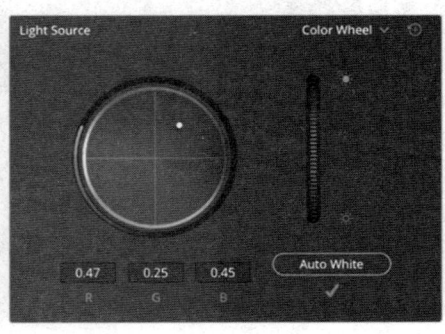

(b) 校准后

图 1-10 校准前后光源状态对比

4. 图像稳定化

Image Stabilization（图像稳定化）选项可启用、禁用水平或垂直方向的图像稳定功能，从而消除胶片上下跳动和片门左右抖动的现象，如图 1-11 所示。

5. 胶片保护

Film Protection（胶片保护）选项可让 Cintel Scanner 小心处理珍贵胶片。较高的加速度和快速运行可能会对存档胶片造成一定磨损，因此建议在扫描老旧的胶片材料时，将这两个滑块的速度在默认值的基础上再调低一些，如图 1-12 所示。

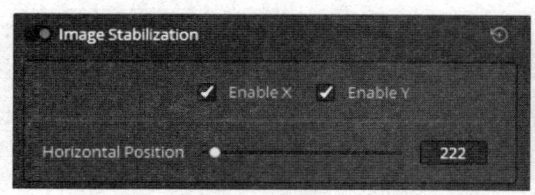
图 1-11　图像稳定化选项

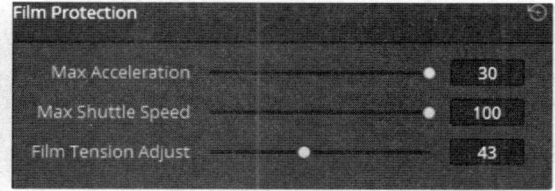
图 1-12　胶片保护选项

1.2.3　电影《红孩子》胶片扫描工作流程

1. 准备事项

开启扫描仪并安装胶片之前，先为片门除尘，以尽可能确保纯净的扫描结果。可使用空气除尘器完成除尘，但是如果片门积尘严重，则可将其拆下进行更彻底的清洁。除尘完毕后，开启 Cintel Scanner，打开 DaVinci Resolve 并创建用于胶片扫描的项目，再单击媒体界面中的 Cintel Scanning 按钮。然后，单击 Cintel Scanner 选项卡，选中 DaVinci Resolve 的胶片扫描仪面板。为扫描仪装载胶片或进行其他操作之前，单击扫描仪面板左下角的 Calibrate 按钮，可消除扫描仪光学元件中无法移除的瑕疵。

2. 装载并对齐胶片

装载需要进行扫描的电影《红孩子》胶片。出现图像后，扫描仪将自动对帧画格进行对齐（注意：如果先以空白牵引片进行走带加载，则帧画格可能会出现不对齐的情况）。接下来，选择胶片类型。使用 Micromechanical Adjustment 和 Frame 按钮可手动对准当前可见胶片帧，让帧画框和扫描仪的传感器对齐，使上一帧的底部和下一帧的顶部正好显示在检视器的顶部和底部，从而使当前帧画格处于垂直居中状态。

3. 扫描仪对焦

与摄影机镜头的对焦一样，需要为投射到扫描仪传感器上的胶片影像进行聚焦。要获得完美对焦，须启用 DaVinci Resolve Cintel Scanner 采集设置中的对焦辅助复选框。该操作能在 Ultra HD 图像上叠加显示峰值对焦信息，并将 Ultra HD 画面通过扫描仪的 HDMI 输出口输出，该画面还会同时显示在 DaVinci Resolve 的采集窗口中。为获得最佳效果，可为 Cintel Scanner 连接一台 Ultra HD 显示器，以便对焦时能以更大分辨率监看画面。

开启对焦辅助功能后，峰值对焦功能可在胶片平面完美对焦时检测扫描影像当中的胶片颗粒。开启该功能后，即使胶片影像本身并未对焦，操作人员也依然能够为扫描仪妥善对焦。调节 Cintel Scanner 的对焦旋钮时，同时注意观察扫描仪的 Ultra HD 输出画面。当画面中分布的颗粒点上显示出峰值对焦标识时，表示图像已完成对焦。

可以通过查看胶片齿孔边缘来检查对焦调整是否妥善。如果齿孔边缘清晰锐利，就代表胶片已对焦。

4. 重置时间码

如果要为需扫描的胶片卷设置时间码，则需要为该卷确定零帧。通常，标准操作是在胶片卷第一帧的前一帧上打一个孔作为胶片扫描时间的参考记号，它也被叫作标记帧、Lab 卷孔或 Head Punch。始终将时间码的第一帧匹配此标记帧，接下来的胶片扫描将拥有和之前扫描相同的帧计数，这样能便于在任何时候对同一份影像材料进行重新扫描和重新套底。

5. 为扫描影像选择保存位置

完成所有操作后，向下滚动到 DaVinci Resolve 胶片扫描仪面板的 Gather Information 控制项，并单击"浏览"按钮来选择扫描后的文件保存位置。可以使用该界面中的其他栏来设置想在扫描文件及其上级文件夹的名字中添加的前缀。文件名前缀一栏中的内容将更新在界面标题显示的文件名预览信息中。标题还显示了文件路径、分辨率、帧率、时长和格式。明确所扫描媒体相关的盘、卷、片段和节目信息。采集信息控制中的时间戳前缀复选框默认为选中状态，可将扫描好的片段保存到目标文件夹下独立的子文件夹中，并且文件名中会带有时间码前缀。

6. 调整扫描仪色彩

DaVinci Resolve 的胶片扫描仪面板既可用于控制被扫描胶片影像的曝光度，也可用于控制照射胶片的灯光色温。可以通过光源主滚轮和 RGB 控制来实现这些调整，从而最大限度地提取每帧画面信息，并防止画面内容出现不可挽回的裁切。CRI 是原始图像格式，但超过内部数据范围的宽容度将不被 DaVinci 使用。因此需要注意的是，如果在扫描时使用自带的视频示波器裁切数据，那么这些数据将从扫描媒体文件中被永久裁切掉。

这一点非常重要，因为光源主滚轮和 RGB 控制无法在录入和采集工作流程中的扫描片段之间自动更改。也就是说，当前的光源设置将被用于所有扫描片段，甚至包括从胶卷不同部分录入的片段，除非手动更改这些设置。换言之，只有当录入多个共享相同光源主滚轮和 RGB 控制调整的片段时，才适合使用录入和采集风格的工作流程。否则，建议在扫描片段时逐个调整每个片段的照明，以便获得最佳画质用于精编。切记：进行这些调整的目的在于获得最佳画面数据，并非制作片段的最终风格，后者应在调色阶段使用 Mix Colours 界面中的控制工具达成。

7. 扫描一段或多段胶片内容

采集信息的元数据栏包含用于定义文件名前缀、盘、卷号、片段编号、节目名称、旗标和某个镜次的好坏等信息。如果在扫描某个片段之前已填写好各栏内容，那么这些元数据将被写入片段中。

8. 提取音频

提取音频时，DaVinci 可使用标准的图像帧到音频帧偏移进行自动对齐，35mm 胶片为 21 帧，16mm 胶片为 26 帧。选中所有带有光学音轨的片段，然后右击其中一个被选片段，选择 Extract Audio。Resolve 将分析每帧上的光学音轨覆盖区域，然后自动生成一个匹配的音轨，并与扫描后的图像序列保持同步。

每个片段的音频都将被自动提取并加嵌到片段当中，和扫描获得的帧画面保存在相同的目录下。片段缩略图一角会出现一个小型音频图标，提示有对应的音频文件。

音频提取过程中，屏幕上的信息框会显示提取进度。可以随时单击 Stop 按钮中止提取，如图 1-13 所示。

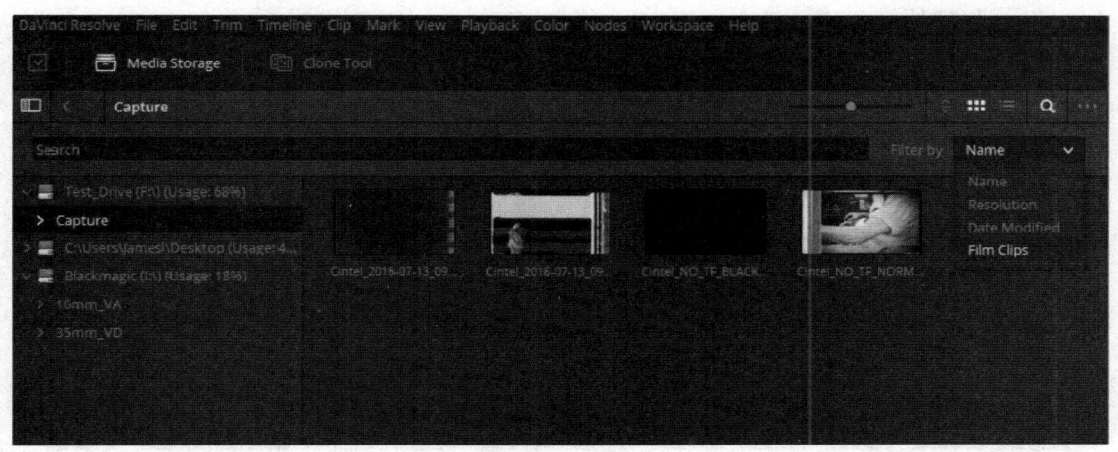

图 1-13　音频提取界面

9. 色彩空间和画面大小调整

为将扫描后的媒体文件转换为能进行进一步编辑的色彩空间，软件会提供一对 1D LUT，即 Cintel 负片到线性和 Cintel 正片到线性。可以在 Mix Colours 界面中通过节点来应用这组 LUT，将原始扫描材料转换到线性色彩空间。但是，如果想要将图像转换到 Rec.709 或 Cineon 进行进一步调整，那么就需要通过另一个节点再应用一个 LUT。正片默认的色彩空间为 2.2 Gamma 标准对数曲线，所有其他胶片均为 2.046 胶片密度对数 Gamma。

通常，在对负片应用了第二个 LUT 后，最好进行色彩反转。除此之外，线性数据需要进行一些调色操作来移除因 Dmin 造成的暗部偏移，以便更好地完成色彩空间转换。每个节点上下文菜单的 3D LUT 子菜单中都含有各种视觉特效输入输出 LUT，它们都能将图像从线性色彩空间转换到工作所需的任何色彩空间。

使用三个节点来转换套用了多个 LUT 的胶片扫描文件，节点 1 可将负片或正片转换到线性，节点 2 可将线性转换到 Rec.709，节点 3 可以将色彩进行反转，如图 1-14 所示。

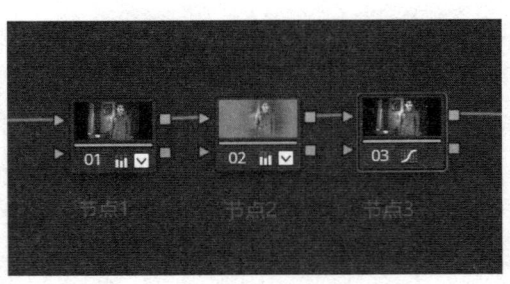

图 1-14 调整节点

10. 封装保存

通过扫描提取的音视频文件须进行项目工程的统一命名和保存，以便后续的进一步操作，如图 1-15 所示。

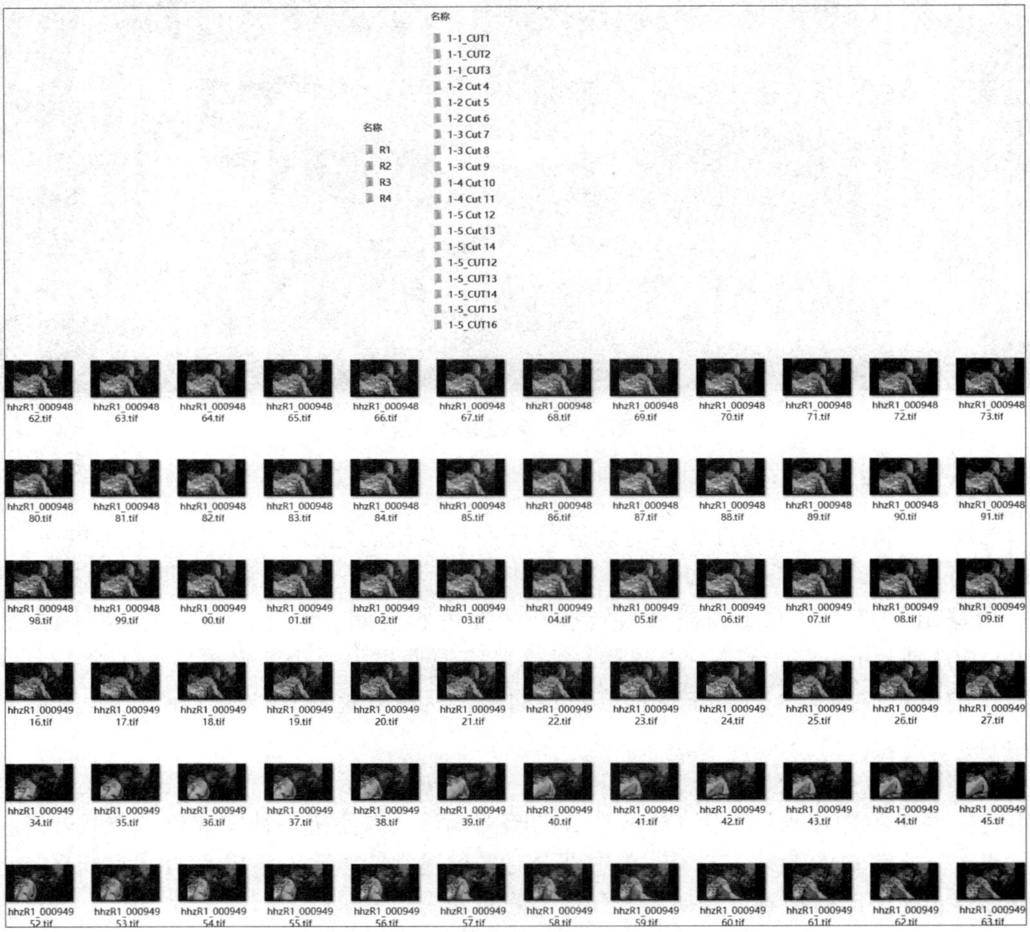

图 1-15 项目工程文件夹

模块 2

影视修复项目资料管理

任务 2

数字化格式管理

任务表单

学习性工作任务单 2

学习场	影视修复		
学习情境	使用 DaVinci Resolve 把胶片数字化扫描格式进行转码		
学习任务	数字化格式管理	学时	2 学时（80 分钟）
工作过程	介绍胶片数字化格式流程并进行数字格式转码		
学习目标	（1）理解胶片数字化存储格式的基本原理和技术； （2）掌握胶片数字化的不同格式要求流程； （3）应用 DaVinci Resolve 对影像转码		
任务描述	介绍胶片数字化格式，展示胶片数字化流程		
学时安排	资讯 10 分钟 | 计划 10 分钟 | 决策 10 分钟 | 实施 30 分钟 | 检查 10 分钟 | 评价 10 分钟		
学生要求	（1）了解数字化格式； （2）安装好 DaVinci Resolve 软件； （3）掌握不同类型胶片的数字化流程； （4）完成数字化格式管理流程		
参考资料	（1）PPT 课件； （2）《DaVinci Resolve 软件操作手册》		

笔 记

资讯单 2

学习场	影视修复		
学习情境	使用 DaVinci Resolve 把胶片数字化扫描格式进行转码		
学习任务	数字化格式管理	学时	10 分钟
工作过程	分析胶片数字化扫描格式→打开 DaVinci Resolve 铺设时间线→设置时间线帧率与时间码→使用交付界面进行 TIFF 格式选择→渲染输出		
收集资讯	（1）教师讲解； （2）互联网查询； （3）学生交流		
资讯描述	查看教师提供的资料，获取信息，分析项目的标准要求，便于了解胶片数字化格式		
学生要求	（1）准备好学习用品及任务书； （2）提前了解不同的图像文件格式的作用与区别； （3）掌握 DaVinci Resolve 软件操作交付界面练习		
参考资料	（1）PPT 课件； （2）《DaVinci Resolve 软件操作手册》		

笔记

计划单 2

学习场	影视修复		
学习情境	使用 DaVinci Resolve 把胶片数字化扫描格式进行转码		
学习任务	数字化格式管理	学时	10 分钟
工作过程	分析胶片数字化扫描格式→打开 DaVinci Resolve 铺设时间线→设置时间线帧率与时间码→使用交付界面进行 TIFF 格式选择→渲染输出		
计划制订	（1）通过审片讨论转码内容及步骤方案； （2）执行操作步骤； （3）对转码后的图像序列文件进行评价		

序号	工作步骤	注意事项
1	使用 DaVinci Resolve 导入素材文件	
2	分析原扫描文件序列格式	
3	调整好相关时间线参数	注意导入时间线的帧率
4	调整好相关时间线时间码	查看时间码是否与原始扫描文件对应
5	使用交付界面	
6	选择转码序列格式	
7	选择转码序列文件位置并渲染	
8	转码后查看片段进行评价	检查分析素材是否存在问题

班级		第___组	组长签字	
教师签字		日期		
计划评价	评语：			

笔 记

决策单 2

学习场	影视修复			
学习情境	使用 DaVinci Resolve 把胶片数字化扫描格式进行转码			
学习任务	数字化格式管理	学时	10 分钟	
工作过程	分析胶片数字化扫描格式→打开 DaVinci Resolve 铺设时间线→设置时间线帧率与时间码→使用交付界面进行 TIFF 格式选择→渲染输出			

计划对比

序号	计划的可行性	计划的经济性	计划的可操作性	计划的实施难度	综合评价
1					
2					
3					
4					
5					

	班 级		第___组	组长签字	
	教师签字		日 期		
决策评价	评语:				

笔 记

实施单 2

学习场	影视修复		
学习情境	使用 DaVinci Resolve 把胶片数字化扫描格式进行转码		
学习任务	数字化格式管理	学时	30 分钟
工作过程	分析胶片数字化扫描格式→打开 DaVinci Resolve 铺设时间线→设置时间线帧率与时间码→使用交付界面进行 TIFF 格式选择→渲染输出		
序 号	实施步骤	注意事项	
1	使用 DaVinci Resolve 导入素材文件		
2	分析原扫描文件序列格式		
3	调整好相关时间线参数	注意导入时间线的帧率	
4	调整好相关时间线时间码	查看时间码是否与原始扫描文件对应	
5	使用交付界面		
6	选择转码序列格式		
7	选择转码序列文件位置并渲染		
8	转码后查看片段进行评价	检查分析素材是否存在问题	
实施说明	（1）处理完成后需要进行转码前后画面画质对比，并做好记录； （2）有时需根据项目需求使用不同的转码格式，如 DPX、TIFF、PNG 等		
实施评价	班　级		第＿＿组	组长签字	
	教师签字		日　期		
	评语：				

笔 记

检查单 2

学习场	影视修复		
学习情境	使用 DaVinci Resolve 把胶片数字化扫描格式进行转码		
学习任务	数字化格式管理	学时	10 分钟
工作过程	分析胶片数字化扫描格式→打开 DaVinci Resolve 铺设时间线→设置时间线帧率与时间码→使用交付界面进行 TIFF 格式选择→渲染输出		

序 号	检查项目	检查标准	学生自查	教师检查
1	资讯环节	不同图像格式区别处理工具的特性		
2	计划环节	明确转码格式与转码参数		
3	实施环节	进行胶片数字化扫描格式转码		
4	检查环节	逐一检查各个环节		

检查评价	班 级		第___组	组长签字	
	教师签字		日 期		
	评语:				

笔 记

任务2　数字化格式管理

评价单 2

学习场	影视修复			
学习情境	使用 DaVinci Resolve 把胶片数字化扫描格式进行转码			
学习任务	数字化格式管理	学时		10 分钟
工作过程	分析胶片数字化扫描格式→打开 DaVinci Resolve 铺设时间线→设置时间线帧率与时间码→使用交付界面进行 TIFF 格式选择→渲染输出			
评价项目	评价子项目	学生自评	组内评价	教师评价
资讯环节	（1）听取教师讲解； （2）互联网查询； （3）学生交流			
计划环节	（1）查询资料情况； （2）DaVinci 软件交付界面概述			
实施环节	（1）学习态度； （2）DaVinci 交付界面功能介绍； （3）实施胶片数字化格式转码			
最终结果	综合情况			

	班　级		第＿＿＿组	组长签字	
	教师签字		日　期		
评　价	评语：				

笔　记

教学引导文设计单 2

学习场	影视修复	学习情境	使用 DaVinci Resolve 把胶片数字化扫描格式进行转码
		学习任务	数字化格式管理

普适性工作过程	典型工作过程					
	资讯	计划	决策	实施	检查	评价
胶片数字化格式属性介绍	教师讲解	查询资料	计划的可操作性	互联网查询	检查查询资料	评价胶片数字化格式的了解程度
DaVinci 软件操作交付界面介绍	教师讲解	学生分组讨论	计划的实施难度	PPT 讲解	DaVinci 交付界面功能熟练程度	评价学习态度
应用 DaVinci 对影像转码	了解 DaVinci 交付界面的功能	了解 DaVinci 交付界面的工作形式	综合评价	素材胶片扫描文件数字化转码	检查数字化转码规范	评价数字化转码规范

笔记

任务2　数字化格式管理

教学反馈单（学生反馈）2

学习场	影视修复			
学习情境	使用 DaVinci Resolve 把胶片数字化扫描格式进行转码			
学习任务	数字化格式管理	学时	2学时（80分钟）	
工作过程	分析胶片数字化扫描格式→打开 DaVinci Resolve 铺设时间线→设置时间线帧率与时间码→使用交付界面进行 TIFF 格式选择→渲染输出			
调查项目	序号	调查内容	理由描述	
	1	资讯环节		
	2	计划环节		
	3	实施环节		
	4	检查环节		

您对本次课程教学的改进意见：

调查信息	被调查人姓名		调查日期	

笔　记

分组单 2

学习场	影视修复		
学习情境	使用 DaVinci Resolve 把胶片数字化扫描格式进行转码		
学习任务	数字化格式管理	学时	2 学时（80 分钟）
工作过程	分析胶片数字化扫描格式→打开 DaVinci Resolve 铺设时间线→设置时间线帧率与时间码→使用交付界面进行 TIFF 格式选择→渲染输出		

分组情况	组别	组长	组员
	1		
	2		
	3		
	4		
	5		
	6		
	7		

分组说明	
班　级	教师签字　　　　　　日期

笔　记

教师实施计划单 2

学习场	影视修复				
学习情境	使用 DaVinci Resolve 把胶片数字化扫描格式进行转码				
学习任务	数字化格式管理	学时	2 学时（80 分钟）		
工作过程	分析胶片数字化扫描格式→打开 DaVinci Resolve 铺设时间线→设置时间线帧率与时间码→使用交付界面进行 TIFF 格式选择→渲染输出				
序号	工作与学习步骤	学时	使用工具	地点	方式	备注
1	资讯情况	20 分钟	互联网			
2	计划情况	10 分钟	计算机			
3	决策情况	10 分钟	计算机			
4	实施情况	100 分钟	DaVinci			
5	检查情况	20 分钟	计算机			
6	评价情况	20 分钟				
班　级		教师签字		日　期		

笔记

成绩报告单 2

_____班级_____姓名_____学习场(课程)成绩报告单

学习场	影视修复			
学习情境	使用 DaVinci Resolve 把胶片数字化扫描格式进行转码			
学习任务	数字化格式管理	学时	2学时(80分钟)	
评分项	自评	小组评	教师评	企业导师评
资讯				
计划				
决策				
实施				
检查				

笔 记

理 论 指 导

2.1 理解胶片数字化格式的基本原理和技术

2.1.1 数字化格式概括

在进行胶片数字化时,选择正确的文件格式对于保持图像质量和未来的使用非常关键。不同的文件格式有着不同的特点,包括压缩率、色彩深度支持和可编辑性。

2.1.2 文件格式转码和压缩

数字化的图像需要以特定的文件格式存储,这些格式可以是无损的(如 TIFF、PNG、RAW)或有损的(如 JPEG)。无损格式提供了较高的图像质量,适合存档和专业处理;而有损格式文件较小,便于分享和网络传输,但牺牲了一定的图像质量。

1. TIFF 格式

标签图像文件格式(Tag Image File Format,TIFF),是一种高质量的图像存储格式,通常不会进行压缩,从而保证了较佳的图像质量。它支持高色彩深度和多层次,使其成为专业级图像编辑和打印的理想选择。

2. DPX 格式

数字图像交换格式(Digital Picture Exchange,DPX),是专门为高端视频后期制作和电影制作设计的一种文件格式。它最初用于标准化电影行业的图像文件的交换。DPX 格式能够以高比特深度存储图像数据,通常是 10 位、12 位或 16 位每通道,这使它非常适合保存高质量的图像信息,尤其是在颜色分级和动态范围方面。

3. PNG 格式

便携式网络图形(Portable Network Graphics,PNG),是一种采用无损压缩算法的位图格式,支持索引、灰度、RGB 三种颜色方案和 Alpha 通道等特性。其设计目的是试图替代 GIF 和 TIFF 文件格式,同时增加一些 GIF 文件格式所不具备的特性。PNG 使用从 LZ77 派生的无损数据压缩算法,一般应用于 Java 程序、网页或 S60 系统程序中,原因是它压缩比高,生成文件体积小。PNG 文件的扩展名为 .png。

2.2 胶片的数字化格式要求

2.2.1 数字化扫描格式

16mm 胶片与 35mm 胶片通过数字化扫描仪扫描成 .cri 格式。此格式不利于播放和后期的修复与制作。

2.2.2 图像质量要求

通常使用无损格式(如 TIFF 或 DNG)可拥有较大的动态范围以保持高质量的图像细

节和灰度信息。高位深（如 16 位）可以较好地捕捉细节。

2.2.3 应用 DaVinci 对影像转码与导入

（1）在媒体存储中找到 CRI 序列后右击，将其添加到媒体池，如图 2-1 所示。

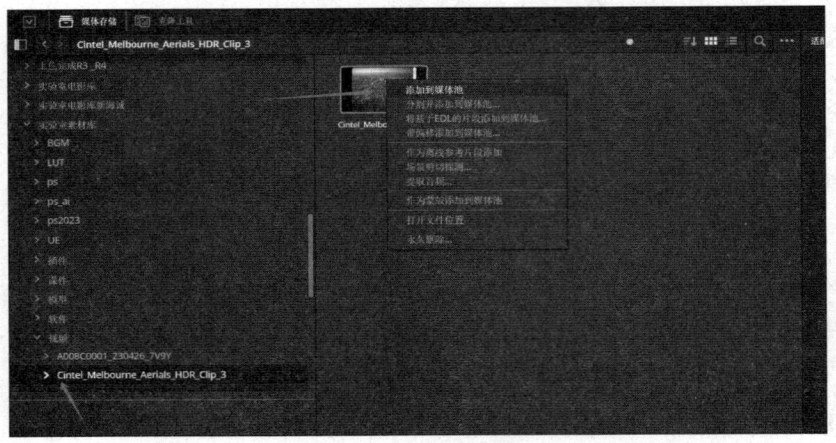

图 2-1 添加到媒体池

（2）为了保持输出时码和序列号与原片相对应，在剪辑界面右击"使用时间码所选片段插入时间线"，如图 2-2 所示。

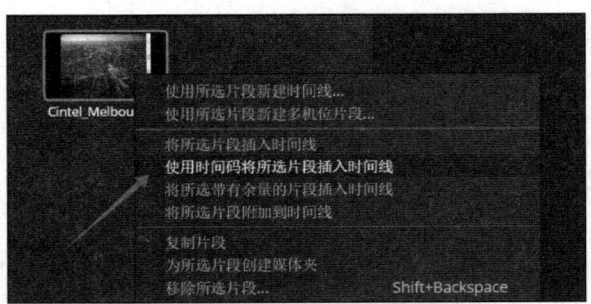

图 2-2 "使用时间码所选片段插入时间线"命令

（3）取消选中"使用项目设置"复选框，如图 2-3 所示。

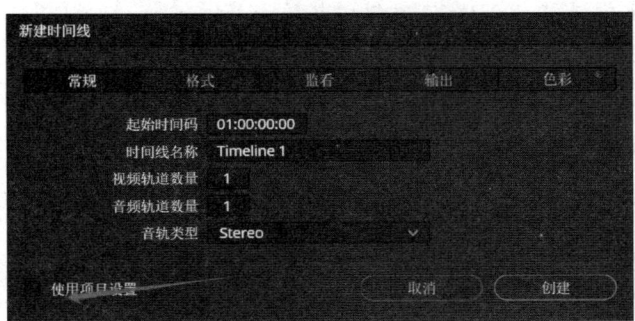

图 2-3 取消选中"使用项目设置"复选框

2.3 使用 DaVinci 交付界面进行转码输出

（1）选中渲染设置中的"导出视频"复选框，导出文件格式选择 DPX 或 TIFF，如图 2-4 所示。

（2）设置"编解码器"为 RGB 16 bits 或更高，用来保证转码后的图像质量，如图 2-5 所示。

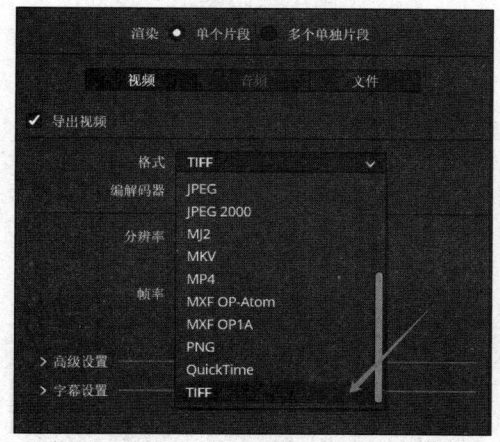

图 2-4　选中"导出视频"复选框

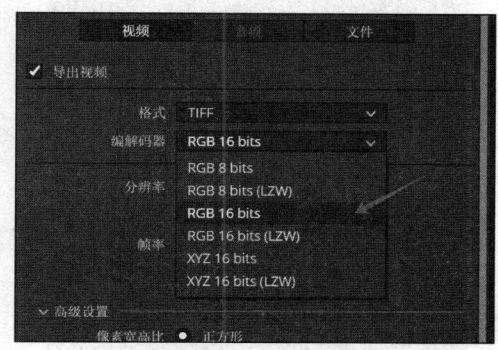

图 2-5　设置"编解码器"为 RGB 16 bits 或更高

（3）设置"分辨率"为扫描分辨率，如图 2-6 所示。

（4）设置"文件名"为扫描文件名，其格式为英文字母加下划线，如图 2-7 所示。

图 2-6　设置"分辨率"

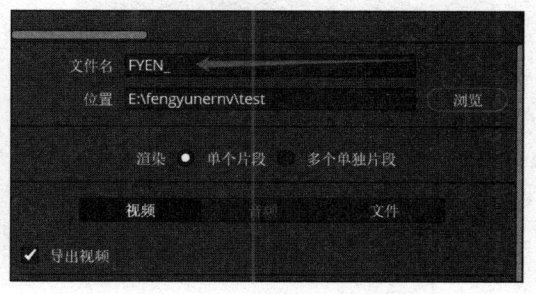

图 2-7　设置"文件名"

（5）分卷号命名文件位置，如图 2-8 所示。

图 2-8　分卷号命名文件位置

(6)单击"添加到渲染队列"按钮,如图2-9所示。
(7)单击"渲染所有"按钮,如图2-10所示。

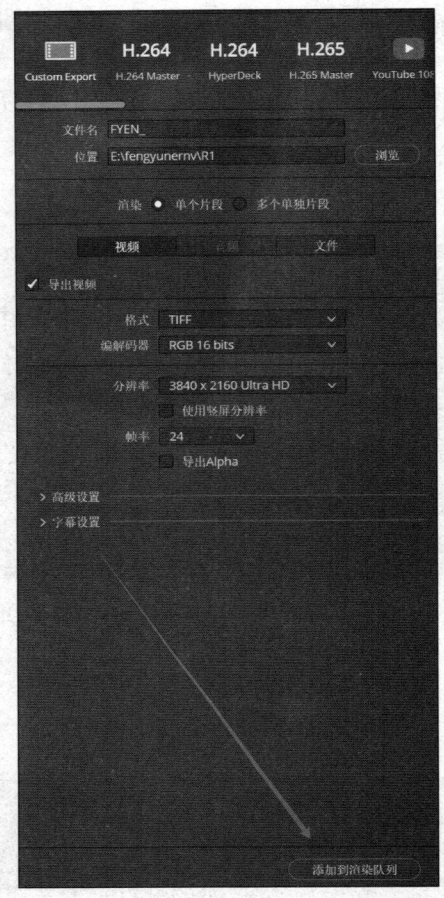

图2-9 单击"添加到渲染队列"按钮

图2-10 单击"渲染所有"按钮

任务 3

数字化文件管理

任 务 表 单

学习性工作任务单 3

学习场	影视修复				
学习情境	对转码文件进行文件管理与备份				
学习任务	数字化文件管理	学时	2学时（80分钟）		
工作过程	介绍胶片数字化格式流程并进行数字格式转码				
学习目标	（1）理解影像文件管理基本原理和技术； （2）掌握胶片数字化的不同格式要求流程； （3）对影像文件管理与备份				
任务描述	介绍胶片数字化格式，展示胶片数字化流程				
学时安排	资讯10分钟	计划10分钟	决策10分钟	实施30分钟	检查10分钟	评价10分钟
学生要求	（1）了解影像文件管理； （2）掌握影像文件管理流程； （3）完成数字化格式管理流程				
参考资料	（1）PPT课件； （2）《DaVinci Resolve 软件操作手册》				

笔 记

资讯单 3

学习场	影视修复		
学习情境	对转码文件进行文件管理与备份		
学习任务	数字化文件管理	学时	10 分钟
工作过程	分析输出格式→建立项目总文件夹→分卷建立文件夹→存储对应卷文件夹→文件备份		
收集资讯	（1）教师讲解； （2）互联网查询； （3）学生交流		
资讯描述	查看教师提供的资料，获取信息，分析项目的标准要求，便于了解文件管理流程		
学生要求	（1）准备好学习用品及任务书； （2）提前了解不同图像文件格式的作用与区别； （3）掌握影像文件管理流程		
参考资料	（1）PPT 课件； （2）《DaVinci Resolve 软件操作手册》		

笔记

计划单 3

学习场	影视修复		
学习情境	对转码文件进行文件管理与备份		
学习任务	数字化文件管理	学时	10 分钟
工作过程	分析输出格式→建立项目总文件夹→分卷建立文件夹→存储对应卷文件夹→文件备份		
计划制订	（1）通过审片讨论转码内容及步骤方案； （2）执行操作步骤； （3）对转码后的图像序列文件进行评价		

序 号	工作步骤	注意事项
1	检查转码输出文件	分析素材存在的问题
2	建立项目总文件夹	以英文或者英文字母命名，以便于后续软件识别
3	分卷建立文件夹	对应胶片原始卷数
4	存储对应卷文件夹	检查序列文件数量是否与扫描文件 CRI 数量相对应
5	建立音频文件夹	检查分析素材是否存在问题
6	文件备份	检查序列文件数量是否与扫描文件 CRI 数量相对应，是否存在问题

计划评价	班　　级		第___组	组长签字	
	教师签字		日　　期		
	评语：				

笔 记

决策单 3

学习场	影视修复		
学习情境	对转码文件进行文件管理与备份		
学习任务	数字化文件管理	学时	10 分钟
工作过程	分析输出格式→建立项目总文件夹→分卷建立文件夹→存储对应卷文件夹→文件备份		

计划对比

序 号	计划的可行性	计划的经济性	计划的可操作性	计划的实施难度	综合评价
1					
2					
3					
4					
5					

	班 级		第___组	组长签字	
	教师签字		日 期		
决策评价	评语:				

笔 记

实施单 3

学习场	影视修复		
学习情境	对转码文件进行文件管理与备份		
学习任务	数字化文件管理	学时	30 分钟
工作过程	分析输出格式→建立项目总文件夹→分卷建立文件夹→存储对应卷文件夹→文件备份		
序　号	实施步骤	注意事项	
1	检查转码输出文件	分析素材存在的问题	
2	建立项目总文件夹	以英文或者英文字母命名，以便于后面软件识别	
3	分卷建立文件夹	对应胶片原始卷数	
4	存储对应卷文件夹	检查序列文件数量是否与扫描文件 CRI 数量相对应	
5	建立音频文件夹	检查分析素材是否存在问题	
6	文件备份	检查序列文件数量是否与扫描文件 CRI 数量相对应，是否存在问题	
实施说明	（1）处理完成后需要进行转码前后画面画质对比，并做好记录； （2）有时需根据项目需求使用不同的转码格式，如 DPX、TIFF、PNG 等		
实施评价	班　级		第＿＿组	组长签字	
	教师签字		日　期		
	评语：				

笔 记

检查单 3

学习场	影视修复		
学习情境	对转码文件进行文件管理与备份		
学习任务	数字化文件管理	学时	10 分钟
工作过程	分析输出格式→建立项目总文件夹→分卷建立文件夹→存储对应卷文件夹→文件备份		

序 号	检查项目	检查标准	学生自查	教师检查
1	资讯环节	了解文件管理时所需文件夹数量与命名规则		
2	计划环节	明确文件管理时所需文件夹与命名规则		
3	实施环节	进行文件管理与备份		
4	检查环节	逐一检查各个环节		

检查评价	班 级		第___组	组长签字	
	教师签字		日 期		
	评语：				

笔 记

评价单 3

学习场	影视修复			
学习情境	对转码文件进行文件管理与备份			
学习任务	数字化文件管理		学时	10 分钟
工作过程	分析输出格式→建立项目总文件夹→分卷建立文件夹→存储对应卷文件夹→文件备份			
评价项目	评价子项目	学生自评	组内评价	教师评价
资讯环节	（1）听取教师讲解； （2）互联网查询； （3）学生交流			
计划环节	（1）查询资料情况； （2）文件管理文件夹按名称建立			
实施环节	（1）放置对应文件夹； （2）对总项目进行备份			
最终结果	综合情况			
评价	班级		第___组	组长签字
	教师签字		日 期	
	评语：			

笔 记

教学引导文设计单 3

学习场	影视修复	学习情境	对转码文件进行文件管理与备份
		学习任务	数字化文件管理

普适性工作过程	典型工作过程					
	资讯	计划	决策	实施	检查	评价
建立项目总文件夹与分卷分类型建立文件夹	教师讲解	查询资料	计划的可操作性	建立项目总文件夹与分卷分类型建立文件夹	检查查询资料	评价建立项目总文件夹与分卷分类型了解程度
存储对应文件夹	教师讲解	学生分组讨论	计划的实施难度	进行存储对应文件夹	存储对应文件夹正确度	评价学习态度
文件备份	了解备份的用处	了解备份的工作形式	综合评价	进行文件备份	检查文件备份情况	评价文件备份规范

笔 记

任务3　数字化文件管理

教学反馈单（学生反馈）3

学习场	影视修复		
学习情境	对转码文件进行文件管理与备份		
学习任务	数字化文件管理	学时	2学时（80分钟）
工作过程	分析输出格式→建立项目总文件夹→分卷建立文件夹→存储对应卷文件夹→文件备份		
调查项目	序号	调查内容	理由描述
	1	资讯环节	
	2	计划环节	
	3	实施环节	
	4	检查环节	

您对本次课程教学的改进意见：

调查信息	被调查人姓名		调查日期	

笔　记

分组单 3

学习场	影视修复		
学习情境	对转码文件进行文件管理与备份		
学习任务	数字化文件管理	学时	2 学时（80 分钟）
工作过程	分析输出格式→建立项目总文件夹→分卷建立文件夹→存储对应卷文件夹→文件备份		

分组情况	组别	组长	组员				
	1						
	2						
	3						
	4						
	5						
	6						
	7						
分组说明							

班 级		教师签字		日 期	

笔 记

任务3 数字化文件管理

教师实施计划单 3

学习场	影视修复				
学习情境	转码文件进行文件管理与备份				
学习任务	数字化文件管理		学时	2学时（80分钟）	
工作过程	分析输出格式→建立项目总文件夹→分卷建立文件夹→存储对应卷文件夹→文件备份				
序号	工作与学习步骤	学时	使用工具	地点	方式	备注
1	资讯情况	10分钟	互联网			
2	计划情况	10分钟	计算机			
3	决策情况	10分钟	计算机			
4	实施情况	30分钟	计算机			
5	检查情况	10分钟	计算机			
6	评价情况	10分钟				
班级		教师签字			日期	

笔记

成绩报告单 3

_____班级_____姓名_____学习场(课程)成绩报告单

学习场	影视修复			
学习情境	对转码文件进行文件管理与备份			
学习任务	数字化文件管理		学时	2学时(80分钟)
评分项	自评	小组评	教师评	企业导师评
资讯				
计划				
决策				
实施				
检查				

笔 记

理 论 指 导

3.1　理解胶片数字化影像文件管理基本原理

3.1.1　文件夹命名规则

命名规则：采用统一的文件夹命名规则，建议包含以下信息，如图 3-1 所示。

（1）电影名称：*Heroic Sons and Daughters*（简称：HSAD）。

（2）胶片卷号：R1。

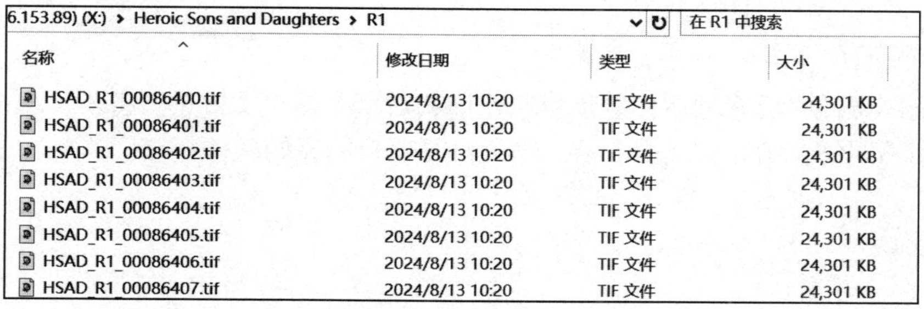

6.153.89) (X:) › Heroic Sons and Daughters › R1　　在 R1 中搜索

名称	修改日期	类型	大小
HSAD_R1_00086400.tif	2024/8/13 10:20	TIF 文件	24,301 KB
HSAD_R1_00086401.tif	2024/8/13 10:20	TIF 文件	24,301 KB
HSAD_R1_00086402.tif	2024/8/13 10:20	TIF 文件	24,301 KB
HSAD_R1_00086403.tif	2024/8/13 10:20	TIF 文件	24,301 KB
HSAD_R1_00086404.tif	2024/8/13 10:20	TIF 文件	24,301 KB
HSAD_R1_00086405.tif	2024/8/13 10:20	TIF 文件	24,301 KB
HSAD_R1_00086406.tif	2024/8/13 10:20	TIF 文件	24,301 KB
HSAD_R1_00086407.tif	2024/8/13 10:20	TIF 文件	24,301 KB

图 3-1　文件夹命名规则

3.1.2　图像序列文件命名规则

命名规则：采用统一的文件命名规则，建议包含以下信息，如图 3-2 所示。

（1）电影名称：*Heroic Sons and Daughters*。

（2）胶片卷号：R1。

（3）序列号：如 00086×××。

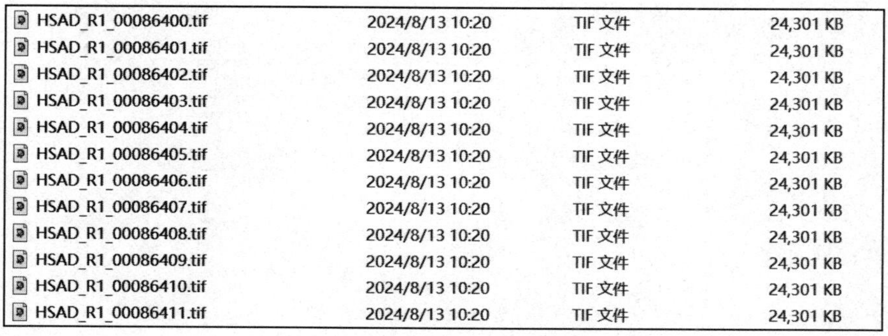

HSAD_R1_00086400.tif	2024/8/13 10:20	TIF 文件	24,301 KB
HSAD_R1_00086401.tif	2024/8/13 10:20	TIF 文件	24,301 KB
HSAD_R1_00086402.tif	2024/8/13 10:20	TIF 文件	24,301 KB
HSAD_R1_00086403.tif	2024/8/13 10:20	TIF 文件	24,301 KB
HSAD_R1_00086404.tif	2024/8/13 10:20	TIF 文件	24,301 KB
HSAD_R1_00086405.tif	2024/8/13 10:20	TIF 文件	24,301 KB
HSAD_R1_00086406.tif	2024/8/13 10:20	TIF 文件	24,301 KB
HSAD_R1_00086407.tif	2024/8/13 10:20	TIF 文件	24,301 KB
HSAD_R1_00086408.tif	2024/8/13 10:20	TIF 文件	24,301 KB
HSAD_R1_00086409.tif	2024/8/13 10:20	TIF 文件	24,301 KB
HSAD_R1_00086410.tif	2024/8/13 10:20	TIF 文件	24,301 KB
HSAD_R1_00086411.tif	2024/8/13 10:20	TIF 文件	24,301 KB

图 3-2　图像序列文件命名

3.1.3　音频文件命名规则

命名规则：采用统一的文件命名规则，建议包含以下信息，如图 3-3 所示。

（1）电影名称：*Heroic Sons and Daughters*。
（2）胶片卷号：R1。

图 3-3　音频文件命名

3.1.4　质量控制

每次分类后进行图像质量检查，确保无色差、无失真等问题。保存不同版本的影像文件，需记录每次修改和更新的历史。

3.1.5　备份设置

应在全部文件完成管理后修复项目制作前，对所有输出文件进行备份。可把所有输出文件复制到不同的存储介质或服务器，作为修复项目的原始文件存储。

模块 3
电影《红孩子》画面降噪修复

任务 4

DRS 软件概述

任 务 表 单

学习性工作任务单 4

学习场	影视修复					
学习情境	DRS 软件操作介绍					
学习任务	DRS 软件概述		学时	8 学时（320 分钟）		
工作过程	介绍 DRS 软件属性、功能、特性					
学习目标	（1）了解 DRS 软件； （2）了解 DRS 软件的用途； （3）了解 DRS 软件的工作流程					
任务描述	介绍 DRS 软件，展示 DRS 的工作流程					
学时安排	资讯 40 分钟	计划 20 分钟	决策 20 分钟	实施 200 分钟	检查 20 分钟	评价 20 分钟
学生要求	（1）打开软件； （2）做好课前预习； （3）DRS 软件操作练习					
参考资料	（1）PPT 课件； （2）《DRS 软件操作手册》					

笔 记

资讯单 4

学习场	影视修复		
学习情境	DRS 软件操作介绍		
学习任务	DRS 软件概述	学时	40 分钟
工作过程	介绍 DRS 软件属性、功能、特性		
收集资讯	（1）教师讲解； （2）互联网查询 DRS 软件； （3）学生交流		
资讯描述	查看教师提供的资料，获取信息，便于了解 DRS		
学生要求	（1）准备好学习用品及任务书； （2）提前预习； （3）DRS 软件操作练习		
参考资料	（1）PPT 课件； （2）《DRS 软件操作手册》		

笔 记

计划单 4

学习场	影视修复			
学习情境	DRS 软件操作介绍			
学习任务	DRS 软件概述	学时	20 分钟	
工作过程	介绍 DRS 软件属性、功能、特性			
计划制订	学生分组讨论			
序 号	工作步骤		注意事项	
1	查看 DRS Nova 文件资料			
2	查询 DRS Nova 用户指南资料			
3	练习 DRS 软件			
	班 级		第___组	组长签字
	教师签字		日 期	
计划评价	评语:			

笔 记

决策单 4

学习场	影视修复			
学习情境	DRS 软件操作介绍			
学习任务	DRS 软件概述	学时	20 分钟	
工作过程	介绍 DRS 软件属性、功能、特性			

计划对比

序　号	计划的可行性	计划的经济性	计划的可操作性	计划的实施难度	综合评价
1					
2					
3					
4					
5					

	班　级		第___组	组长签字	
	教师签字		日　期		
决策评价	评语：				

笔 记

实施单 4

学习场	影视修复		
学习情境	DRS 软件操作介绍		
学习任务	DRS 软件概述	学时	200 分钟
工作过程	介绍 DRS 软件属性、功能、特性		
序　号	实施步骤	注意事项	
1	DRS 软件工作内容介绍		
2	DRS 软件工作界面介绍		
3	DRS 软件项目管理介绍		
4	DRS 软件蒙版工具讲解		
5	DRS 软件常用快捷键介绍		
实施说明	（1）启动 DRS 软件后不会显示序列，需要创建一个项目； （2）创建项目后还需创建剪辑； （3）进入剪辑，对相关工具进行练习； （4）尝试使用快捷键； （5）根据上课内容，创建项目与剪辑，并初步使用相关工具		
实施评价	班　　级		第＿＿组	组长签字	
	教师签字		日　　期		
	评语：				

笔　记

检查单 4

学习场	影视修复			
学习情境	DRS 软件操作介绍			
学习任务	DRS 软件概述	学时	20 分钟	
工作过程	介绍 DRS 软件属性、功能、特性			
序　号	检查项目	检查标准	学生自查	教师检查
1	资讯环节	获取 DRS Nova 相关信息		
2	计划环节	DRS 软件功能概述		
3	实施环节	DRS 软件功能介绍		
4	检查环节	逐一检查各个环节		
检查评价	班　级		第＿＿组	组长签字	
	教师签字		日　期		
	评语：				

笔　记

评价单 4

学习场	影视修复			
学习情境	DRS 软件操作介绍			
学习任务	DRS 软件概述	学时	20 分钟	
工作过程	介绍 DRS 软件属性、功能、特性			
评价项目	评价子项目	学生自评	组内评价	教师评价
资讯环节	（1）听取教师讲解； （2）互联网查询 DRS Nova 相关资料； （3）学生交流			
计划环节	（1）查询 DRS Nova 相关资料情况； （2）DRD 软件概述			
实施环节	（1）学习态度； （2）DRS 功能介绍； （3）画面修复展示			
最终结果	综合情况			
评　　价	班　级		第___组	组长签字	
	教师签字		日　期		
	评语：				

笔　记

教学引导文设计单 4

学习场	影视修复	学习情境	DRS 软件操作介绍			
		学习任务	DRS 软件概述			
普适性工作过程	典型工作过程					
	资讯	计划	决策	实施	检查	评价
DRS 属性介绍	互联网查询	查询资料	计划的可操作性	互联网查询	检查查询资料	评价 DRS 的了解程度
DRS 功能介绍	教师讲解	学生分组讨论	计划的实施难度	PPT 讲解	DRS 功能熟练程度	评价学习态度
DRS 特性介绍	了解 DRS 的功能	了解 DRS 的工作形式	综合评价	素材图修复	检查修复程度	评价素材修复程度

笔记

任务4　DRS软件概述

教学反馈单（学生反馈）4

学习场	影视修复			
学习情境	DRS软件命令操作介绍			
学习任务	DRS软件概述	学时	8学时（320分钟）	
工作过程	介绍DRS软件属性、功能、特性			
调查项目	序号	调查内容	理由描述	
	1	资讯环节		
	2	计划环节		
	3	实施环节		
	4	检查环节		

您对本次课程教学的改进意见：

调查信息	被调查人姓名		调查日期	

笔　记

分组单 4

学习场	影视修复			
学习情境	DRS 软件操作介绍			
学习任务	DRS 软件概述	学时	8 学时（320 分钟）	
工作过程	介绍 DRS 软件属性、功能、特性			

	组别	组长	组员			
分组情况	1					
	2					
	3					
	4					
	5					
	6					
	7					

分组说明	

班　　级		教师签字		日　　期	

笔　记

任务4 DRS软件概述

教师实施计划单 4

学习场	影视修复				
学习情境	DRS 软件操作介绍				
学习任务	DRS 软件概述		学时	8学时（320分钟）	
工作过程	介绍 DRS 软件属性、功能、特性				
序 号	工作与学习步骤	学时	使用工具	地点	方式	备注
1	资讯情况	40 分钟	互联网			
2	计划情况	20 分钟	计算机			
3	决策情况	20 分钟	计算机			
4	实施情况	200 分钟	DRS NOVA			
5	检查情况	20 分钟	计算机			
6	评价情况	20 分钟				
班 级		教师签字		日 期		

笔 记

成绩报告单 4

_____班级_____姓名_____学习场（课程）成绩报告单

学习场	影视修复			
学习情境	DRS 软件操作介绍			
学习任务	DRS 软件概述		学时	8 学时（320 分钟）
评分项	自评	小组评	教师评	企业导师评
资讯				
计划				
决策				
实施				
检查				

笔 记

理 论 指 导

4.1 DRS 软件工作内容

4.1.1 脏点修复

DRS 软件可以识别并修复数字图像或视频中的脏点，这些脏点可能是由传感器灰尘、污垢或其他污染物造成的。该软件利用图像处理算法，自动检测并修复这些脏点，以提高图像质量。

4.1.2 划痕修复

DRS 软件能够检测和修复数字图像或视频中的划痕。划痕可能是由于老旧胶片的磨损或扫描过程中的损坏导致的。该软件使用各种图像处理技术，如插值、填充和修补，来修复这些划痕，以恢复图像的完整性。修复过程及效果如图 4-1~图 4-3 所示。

图 4-1　图像脏点修复前

图 4-2　图像脏点修复中

图 4-3　图像脏点修复后

4.2 DRS 软件工作界面

4.2.1 主窗口介绍

DRS 软件的主窗口是用户进行修复操作的核心界面。主窗口通常包括图像或视频预览区域、修复工具栏、参数设置面板等组件，如图 4-4 所示。在预览区域中，用户可以查看待修复的图像或视频，并进行修复操作。修复工具栏包含各种修复工具，如脏点修复、划痕修复、撕裂修复等，用户可以根据需要选择并使用相应的工具进行修复操作。参数设置面板用于调整和优化修复工具的参数，以实现最佳的修复效果。

图 4-4 主窗口

4.2.2 显示选项介绍

DRS 软件提供了丰富的显示选项，用户可以根据需要进行设置和调整。常见的显示选项包括图像或视频的缩放比例、显示模式（如单帧模式、双帧模式）、显示标注和参考线等。用户可以根据修复任务的特点和需求，选择合适的显示选项，以方便观察和分析图像或视频，并进行修复操作。

（1）常规显示，如图 4-5 所示。

（2）全屏显示（删除菜单栏，使用"\"键切换全屏），如图 4-6 所示。

（3）演示模式（使用快捷键 Shift+"\"切换演示文稿），如图 4-7 所示为仅显示播放窗口。

（4）带时间码的演示，如图 4-8 所示。

（5）带工具栏的演示模式，如图 4-9 所示。

任务4　DRS软件概述

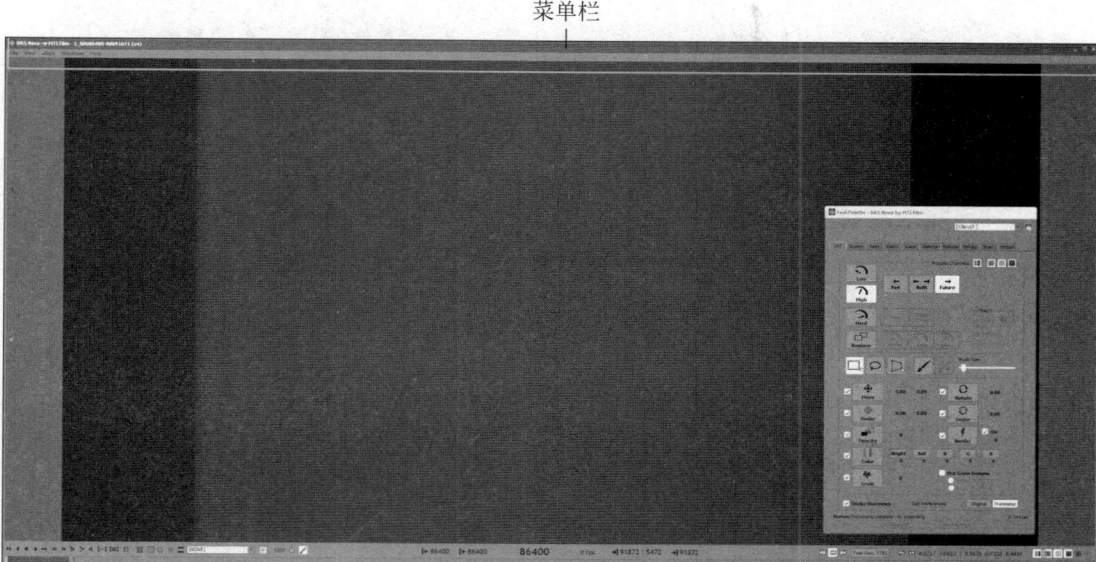

图 4-5　常规显示

图 4-6　全屏显示

图 4-7 仅显示播放窗口

时间码

图 4-8 带时间码的演示

工具栏

图 4-9 带工具栏的演示模式

4.2.3 系统偏好设置介绍

软件还提供了系统偏好设置功能，用户可以根据个人喜好和习惯进行设置。系统偏好设置包括界面语言、界面主题、快捷键设置、缓存管理等。用户可以根据自己的实际需求，进行个性化的设置和调整，以提高操作效率和舒适度。

（1）General（常规）选项卡：主要提供与外观相关的项目，如图4-10所示。

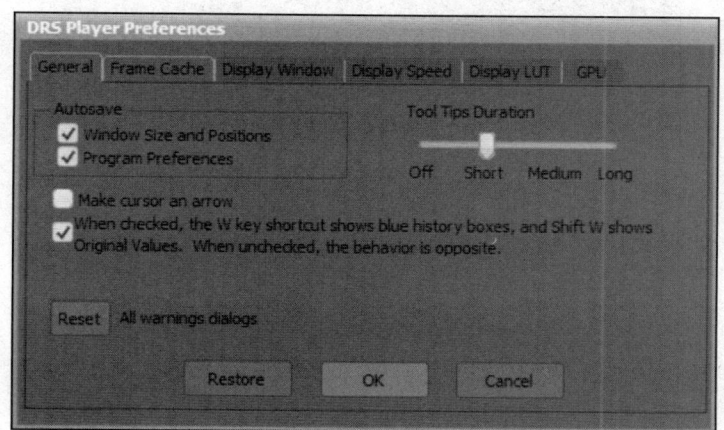

图4-10 常规选项卡

（2）Frame Cache（帧缓存）选项卡：帧缓存允许用户确定将使用多少可用RAM。如果用户需要清除缓存，可以使用此选项卡，如图4-11所示。

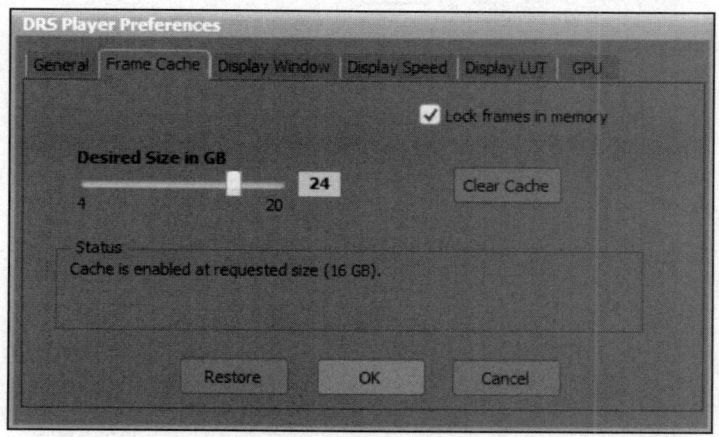

图4-11 帧缓存选项卡

（3）Display Window（显示窗口）选项卡：允许用户为播放显示设置边界宽度，建议设置数值为"0"，如图4-12所示。

（4）Display Speed（显示速度）选项卡：允许用户设置在查看菜单看到的三个速度选项的帧速率，如图4-13所示。

（5）Display LUT（LUT显示）选项卡：使用LUT显示确定默认伽玛值，如图4-14所示。

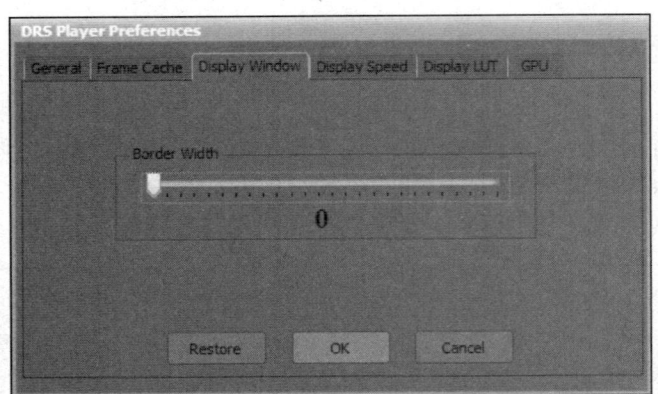

图 4-12 显示窗口选项卡

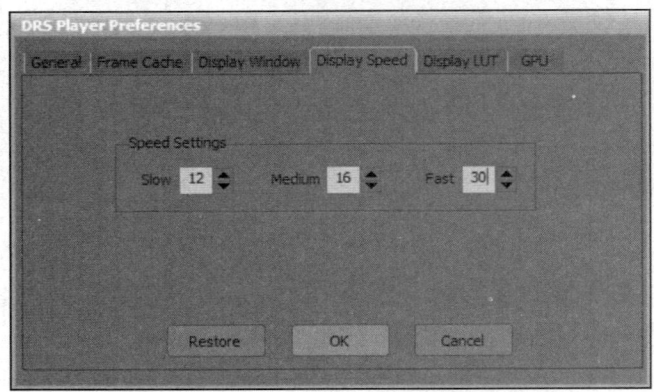

图 4-13 显示速度选项卡

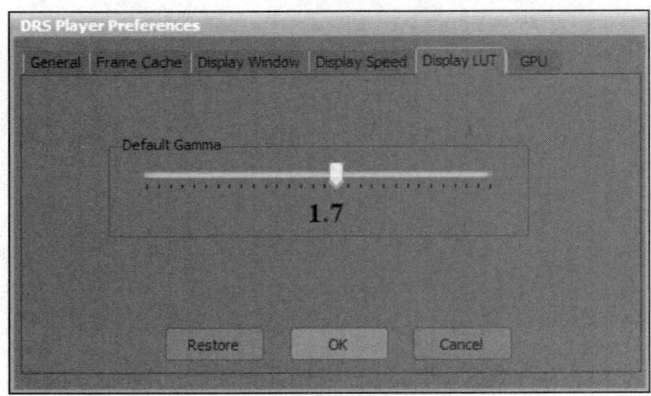

图 4-14 LUT 显示选项卡

（6）GPU（图形处理器）选项卡：如果工作站包含 GPU，通过设置可以加快某些功能的运算速度。

① 自动稳定分析和渲染速度。

任务4 DRS软件概述

② 手动稳定、解畸变和防闪烁的渲染速度，如图 4-15 所示。

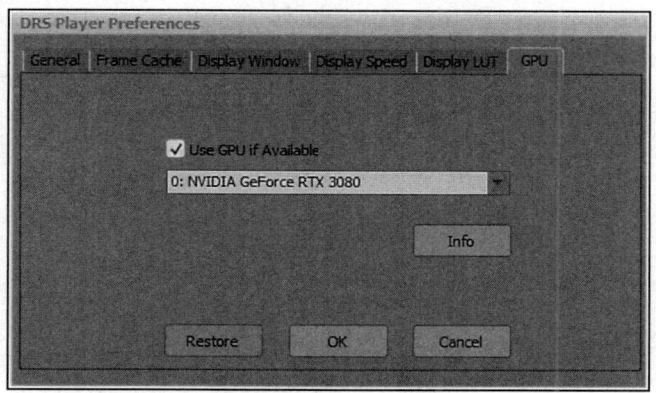

图 4-15 图形处理器选项卡

4.3 DRS 软件项目管理介绍

4.3.1 项目创建和设置

DRS 软件允许用户创建和管理多个项目，用户可以根据需要设置项目的名称、描述、目标和截止日期等信息。在创建项目时，用户可以定义项目的范围和要求，并设置项目的基本参数和属性，以便更好地管理和跟踪项目进度。

（1）确定项目元数据的存储位置：首次安装 DRSNOVA 时，存储项目元数据的位置会在启动盘自动创建（通常为 C 盘），文件夹名为 MTIShare，如图 4-16 所示。

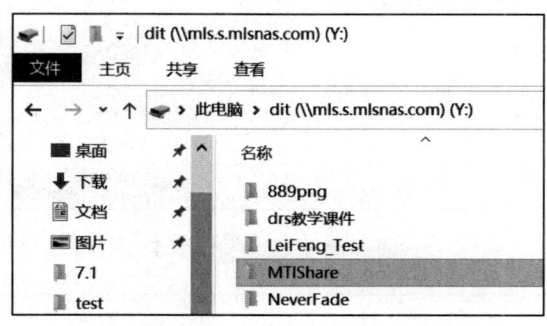

图 4-16 元数据存储位置

（2）更改存储位置：一般不存储在系统盘（C 盘），需改到其他盘，如 E 盘。
① 右击"此电脑"图标，选择"属性"选项打开"关于"界面，如图 4-17 所示。
② 打开"高级"选项卡，如图 4-18 所示。
③ 单击"环境变量"按钮，在打开的"环境变量"对话框中单击"新建"按钮，如图 4-19 所示。
④ 在"新建系统变量"对话框中输入内容，如图 4-20 所示。
⑤ 将存储位置更改到 E 盘，如图 4-21 所示。

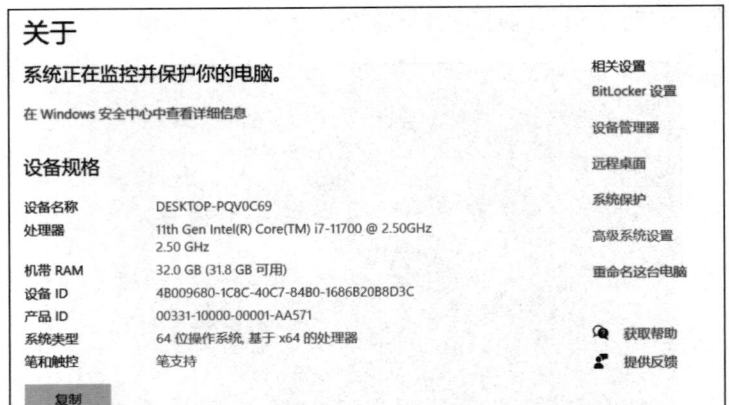

图 4-17 "关于"界面

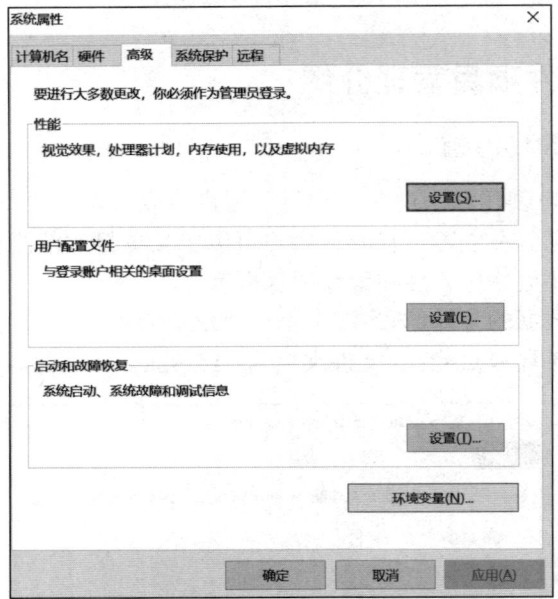

图 4-18 "高级"选项卡

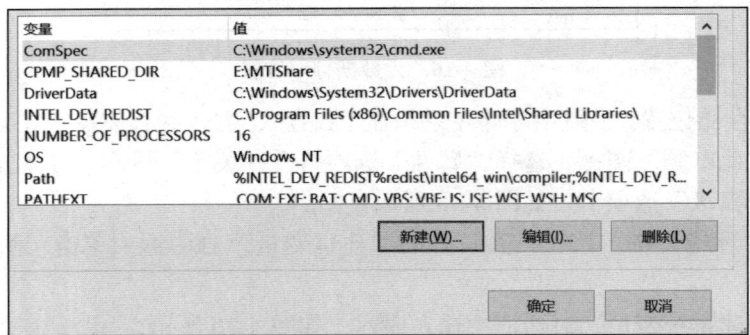

图 4-19 "环境变量"对话框

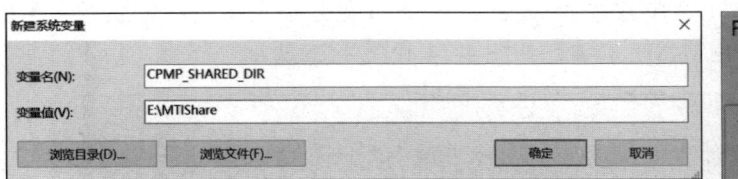

图4-20 "新建系统变量"对话框　　　图4-21 位置更改成功后的DRS软件显示

（3）创建项目：单击主窗口中的File（文件）菜单并选择Open Project Manager（打开项目管理）选项，打开项目管理，如图4-22和图4-23所示。

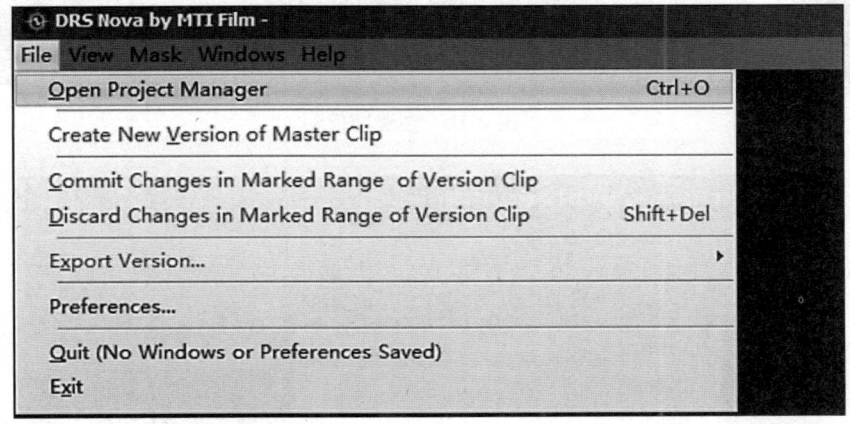

图4-22 打开项目管理

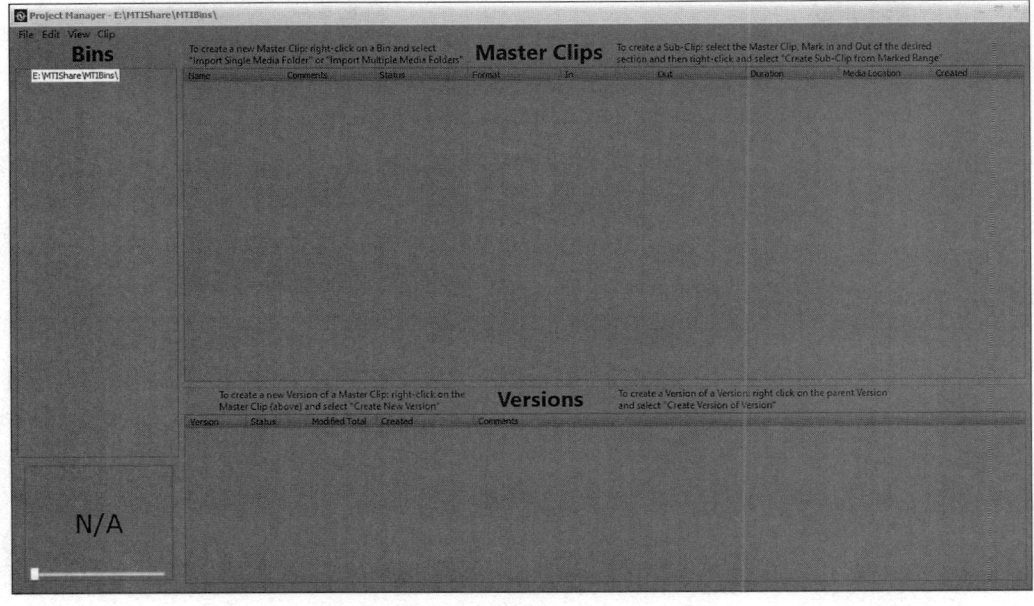

图4-23 打开项目管理窗口

单击项目管理 File（文件）菜单并选择 Create Project（创建项目）选项，或者右击根目录并选择 Create Bin…（创建项目）选项，如图 4-24 和图 4-25 所示。

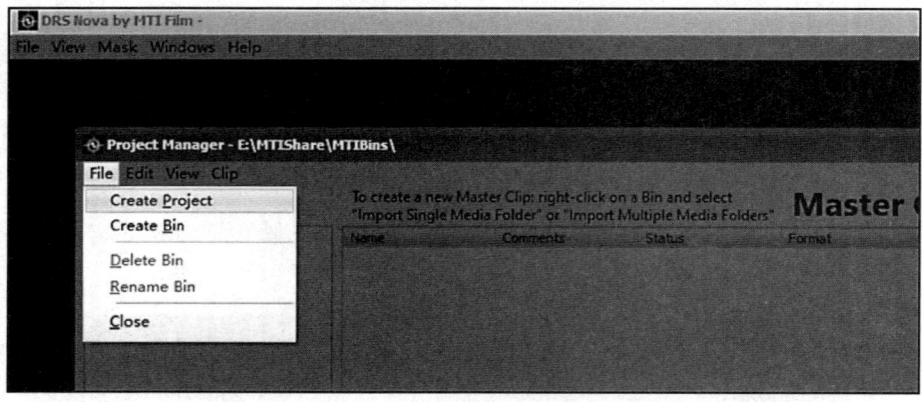

图 4-24　创建项目

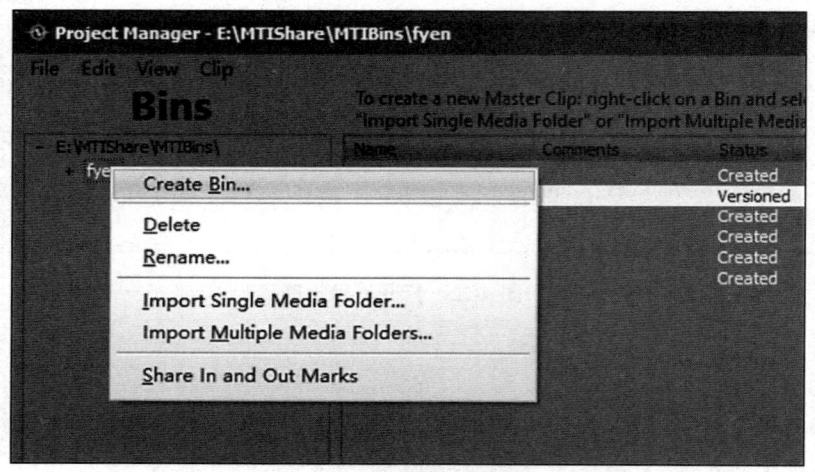

图 4-25　右击根目录创建文件夹

（4）在打开的 Create Project（创建项目）对话框中填写以下信息。

Project Name：输入项目的全名。

Nickname：创建用作称谓的首字母缩略词。

Job#：如果所在公司使用工作编号，则在此处输入。它将追加到用户的昵称。

#Reels：输入项目卷号（一些电影由两部分组成，称为 A 或 B 部分）。例如，卷 1 可能由 A 和 B 部分组成，这些部分可以组合成单独的卷或两个分开的卷。如果是组合卷，则选中 Combined 复选框；如果最后一个卷仅由 A 部分组成，则选中 Last reel A only（仅最后一个卷 A）复选框，如图 4-26 所示。

Job Folders：DRS 生成各种元数据，这些元数据可以自动保存到 MTIShare\MTIBins 文件夹中。启用希望为其创建文件夹的复选框。当与这些文件夹相关的操作执行元数据自动保存或定向到文件夹时，调用保存功能。

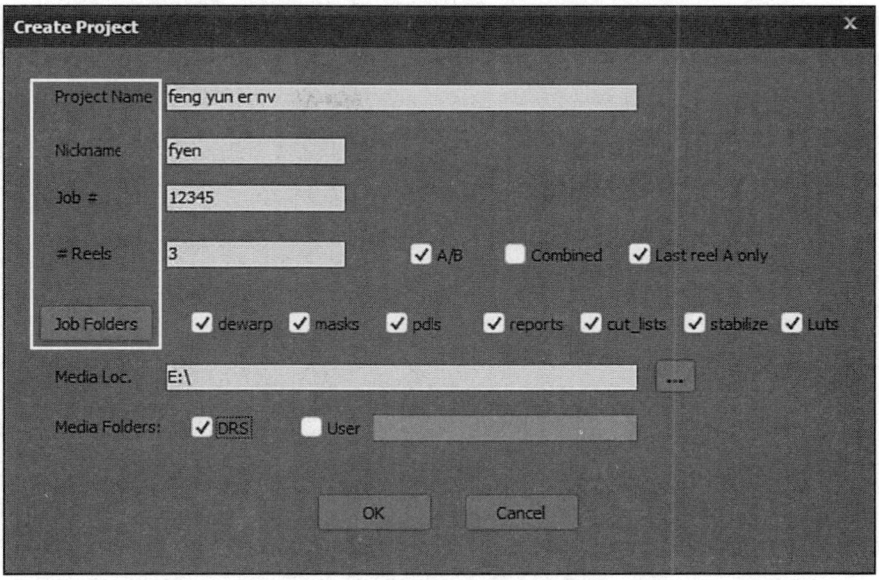

任务4 DRS软件概述

图 4-26 填写信息并设置

Media Loc.：根据在此字段中输入的目录，项目管理将自动创建媒体文件夹，可以在创建剪辑之前将媒体放入其中，如图 4-27 所示。

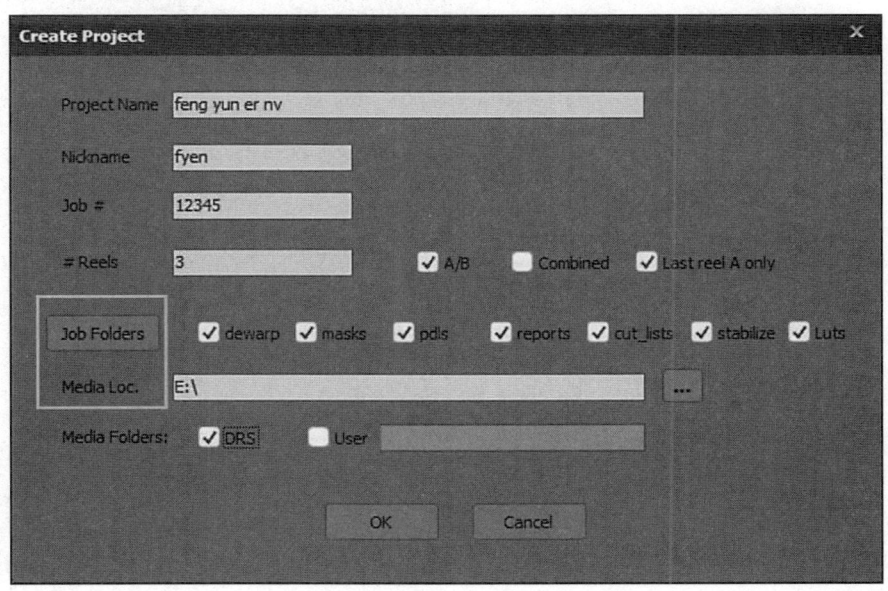

图 4-27 指定目录

Media Folders（媒体文件夹）：可以自动创建两种类型的媒体文件夹。DRS：将为"# Reels"字段中指示的每个卷创建名为 DRS 的文件夹。例如，mfdp_drs_r1a。User：将为"# Reels"字段中指示的每个卷使用用户定义名创建文件夹，如图 4-28 所示。

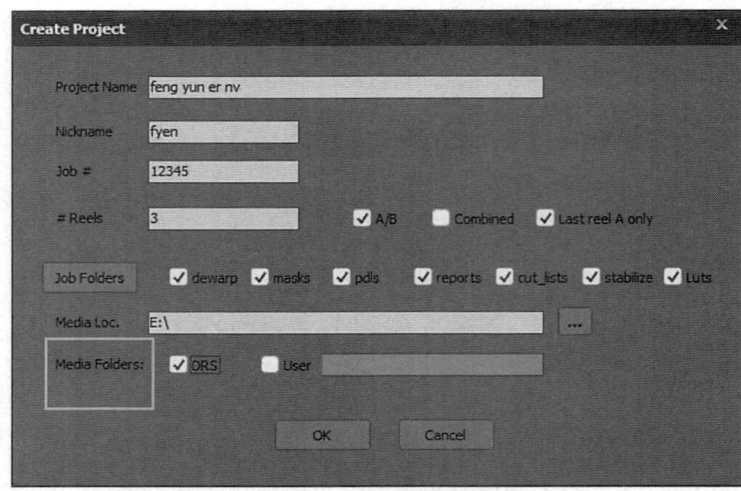

图 4-28 媒体文件夹

（5）输入所有项目信息后，单击 OK 按钮保存，如图 4-29 所示。

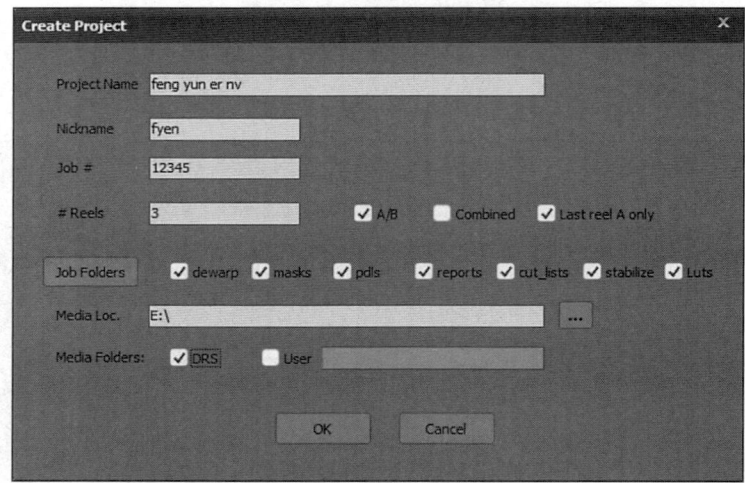

图 4-29 输入完成

（6）以下文件夹将出现在 Media Location 字段输入的目录中，如图 4-30 所示。

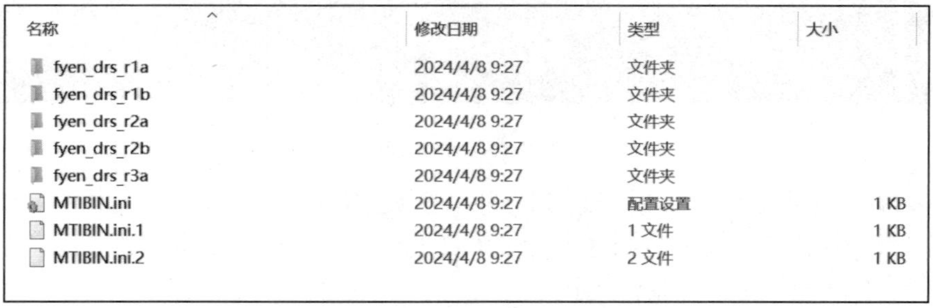

图 4-30 项目文件夹

（7）基于以上的输入，项目管理中将出现下列 Bins 内容，如图 4-31 所示。

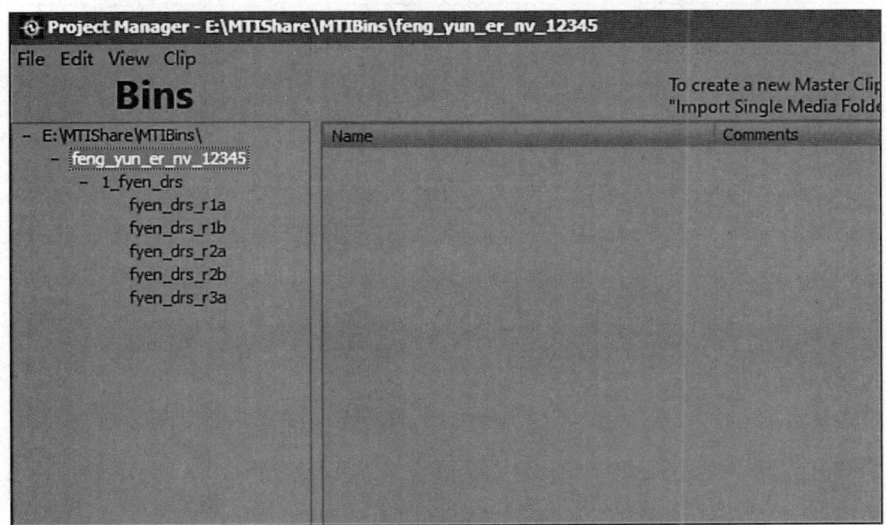

图 4-31　Bins 内容

4.3.2　创建剪辑

（1）项目管理中，右击 Import Single Media Folder…，将在其中创建剪辑，如图 4-32 所示。

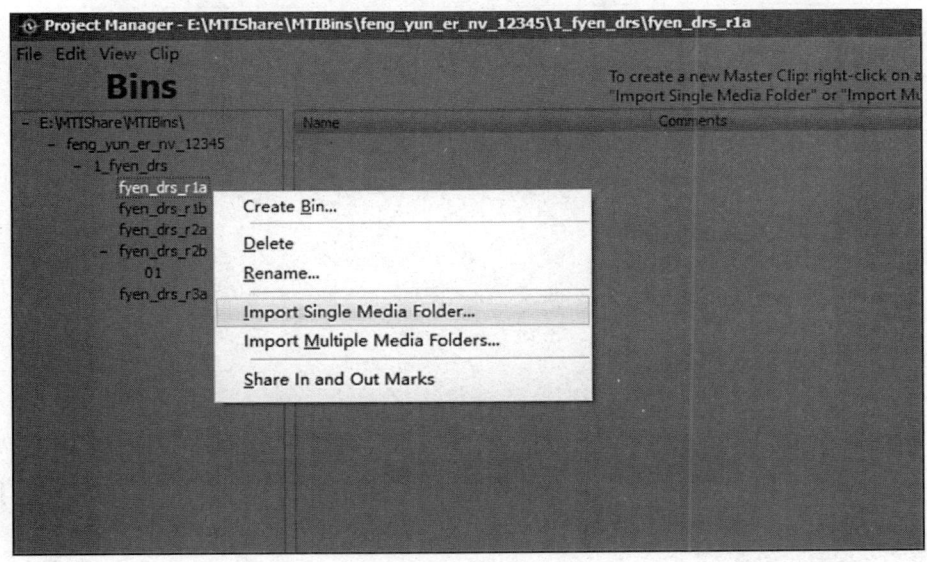

图 4-32　创建剪辑

（2）选择素材所在的文件夹，单击选择文件夹，如图 4-33 所示。
（3）开始剪辑，如图 4-34 所示。
（4）双击项目窗口出现画面，如图 4-35 所示。

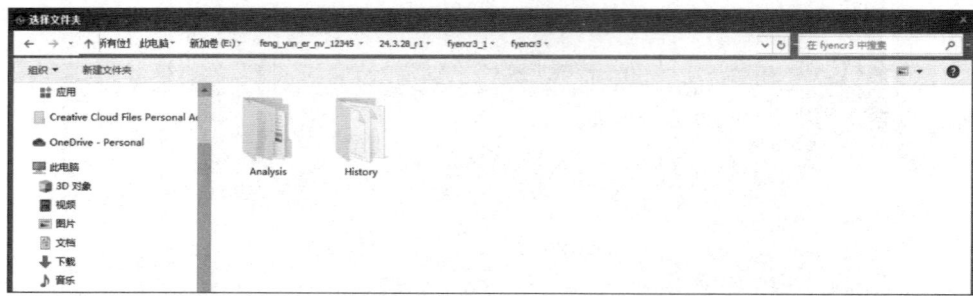

图 4-33 选择素材

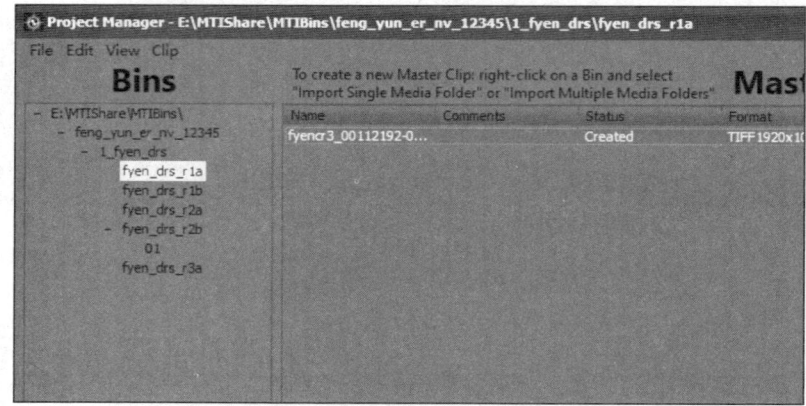

图 4-34 剪辑项目

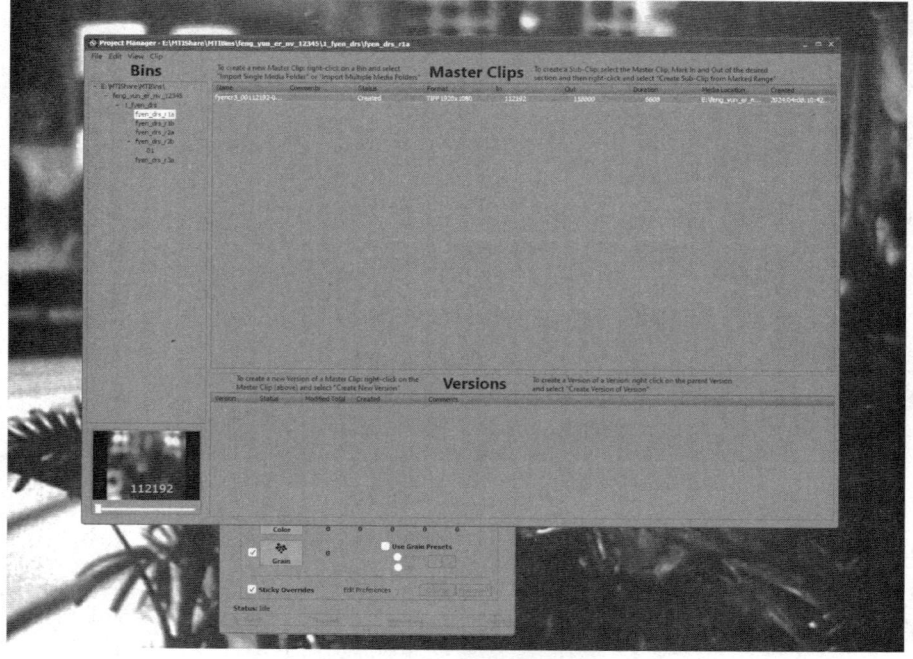

图 4-35 剪辑画面

4.3.3 为剪辑做准备工作

（1）右击蓝色时间线尺寸条，从显示/隐藏扩展菜单中或按 O 键，选择场次镜头以显示镜头的时间线。

（2）右击镜头时间线或右击项目管理中的剪辑，选择 Run Cut Detection…（运行镜头检测）命令，如图 4-36 所示。

（3）运行镜头检测后，右击镜头时间线并选择导出镜头列表到建议的位置或选择一个新的位置。

（4）如果要添加一个镜头，可按 N 键或右击镜头时间线并从 Cortex 菜单选择添加镜头。

（5）如果要删除一个镜头，可按快捷键 Ctrl+N 或右击镜头时间线并从 Cortex 菜单选择删除镜头。

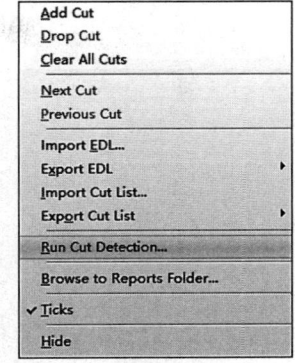

图 4-36　为剪辑做准备工作

4.3.4 创建与提交版本

（1）右击该版本并从 Cortex 菜单选择创建版本。例如，使用 v*.* 扩展名（v1.1）创建新版本。

（2）如果创建项目的版本，编号将为 v*.*.*，如图 4-37 所示。

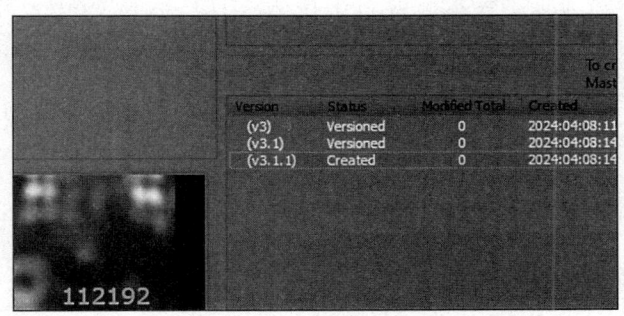

图 4-37　创建项目的版本

（3）放弃版本或版本中的更改，如图 4-38 所示。

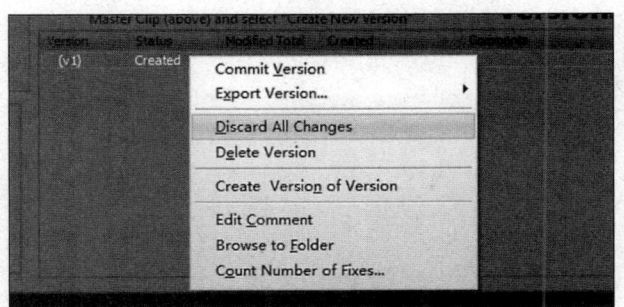

图 4-38　放弃版本或版本中的更改

方法一：放弃所有更改——右击版本并选择 Discard All Changes。

方法二：放弃标记范围内的更改——在位于主窗口的 File 菜单中，选择丢弃版本剪辑标记范围内的更改。

（4）提交版本，如图 4-39 所示。

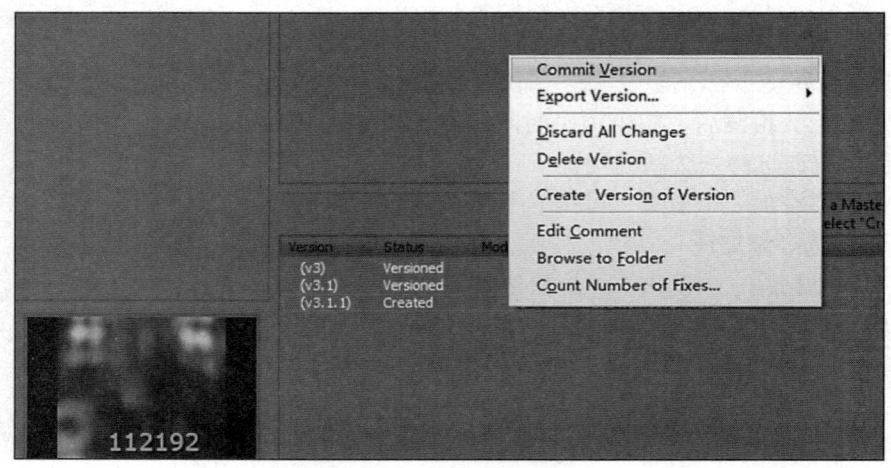

图 4-39　提交版本

① 要将版本提交到其父版本，可右击该版本，然后从 Cortex 菜单中选择 Commit Version 命令。

② 对于项目的版本，可按正确的顺序仔细提交版本。

例如，有两个版本的项目，v1.1 和 v1.1.1，想提交这两个版本，必须从最后往前每次提交一个。

③ 如果在 v1.1.1 之前提交 v1.1，则包含在 v1.1.1 中的帧将被"孤立"，并且版本将从列表中消失。

（5）删除版本，如图 4-40 所示。

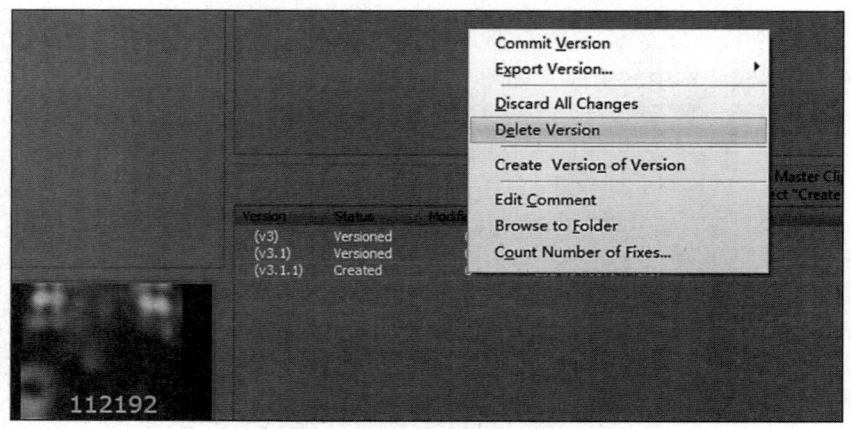

图 4-40　删除版本

右击版本，从 Cortex 菜单中选择 Delete Version 命令，将删除项目的任何相应的版本。

（6）导出版本，如图 4-41 所示。

右击版本并选择 Export Version…→ Export Full Clip 命令。

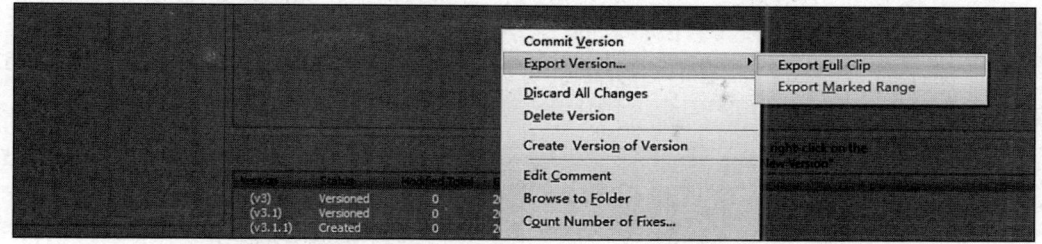

图 4-41　导出版本

4.4　DRS 常用工具介绍

4.4.1　Scratch（划痕修复）工具

Scratch 工具是 4K 胶片修复工作中最为常用的修复划痕工具，可以按照直线划痕的密度属性，修复白色划痕或黑色划痕，也可以识别出移动的线条进行修复（见图 4-42）。

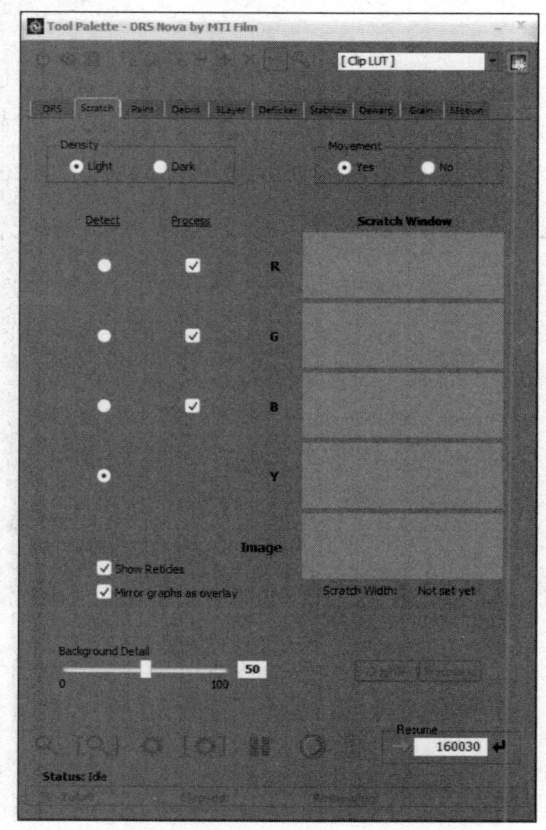

图 4-42　Scratch 工具

4.4.2 DRS 工具使用界面

DRS 工具是 4K 胶片修复工作中最为常用和基础的工具，可以处理画面中的基本问题，其主要分为操作命令界面和参数调整界面。

（1）操作命令界面：如图 4-43 所示，可以应用界面中的命令处理画面中的大部分问题。

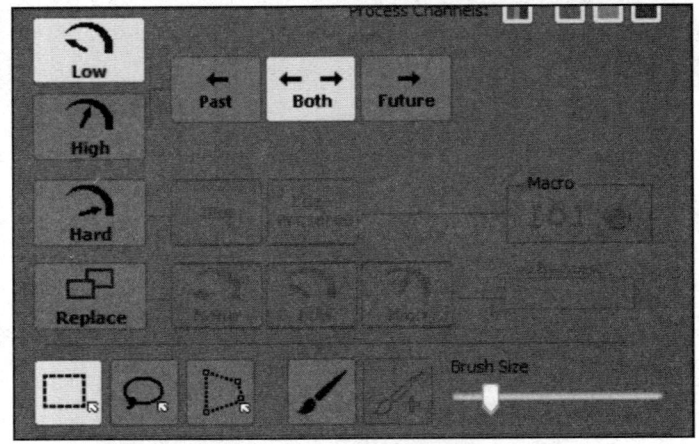

图 4-43 DRS 操作命令界面

（2）参数调整界面：如图 4-44 所示，更改操作命令的参数，使画面更和谐。

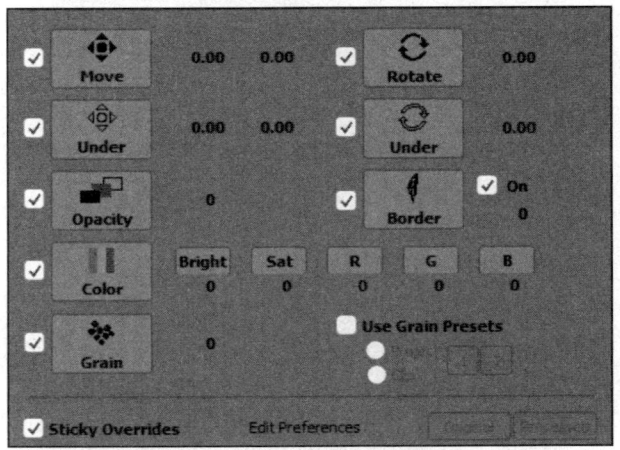

图 4-44 DRS 参数调整界面

4.4.3 Deflicker（抗闪烁）工具

Deflicker 是 4K 胶片修复工作中的抗闪烁工具，在一段画面中出现前后明暗变化对比严重时，便可以使用 Deflicker 工具进行修复（见图 4-45）。

任务4　DRS软件概述

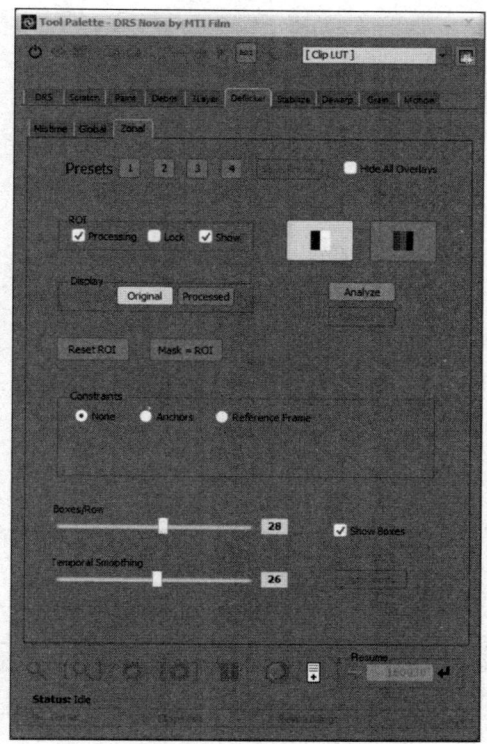

图 4-45　Deflicker 工具

4.5　DRS 常用快捷键

DRS 常用快捷键如表 4-1 所示。

表 4-1　DRS 常用快捷键

功　能	快　捷　键	功　能	快　捷　键
转到剪辑主页的开头	Home	显示/隐藏工具面板	.（句号）
转到剪辑结束	End	入点	E
向前播放	V	出点	R
向后播放	X	转到入点	Shift+E
前一帧	S	转到出点	Shift+R
后一帧	F	清除入点	Ctrl+E
切换播放和停止	空格键	清除出点	Ctrl+R
缩小至全屏	Z	全屏视图切换	\

任务 5

画面划痕修复

任务表单

学习性工作任务单 5

学习场	影视修复		
学习情境	电影《红孩子》画面划痕修复		
学习任务	画面划痕修复	学时	8 学时（320 分钟）
工作过程	分析制作对象→确定划痕修复范围→框选划痕修复对象→观察选框内峰值→预览修复效果→进行修复、观看修复后的效果		
学习目标	（1）了解画面划痕产生的原因； （2）熟悉 DRS 软件划痕修复工具的用途； （3）掌握 DRS 软件划痕修复工具的工作流程； （4）学会结合多个工具完成划痕修复的基本运用		
任务描述	介绍划痕工具，展示划痕工具的使用步骤，展示划痕工具修复画面对比，以及讲解划痕工具的操作快捷键		
学时安排	资讯 40 分钟 / 计划 20 分钟 / 决策 20 分钟 / 实施 200 分钟 / 检查 20 分钟 / 评价 20 分钟		
学生要求	（1）熟记划痕工具的界面窗口； （2）掌握划痕工具使用步骤； （3）学会上手运用练习		
参考资料	（1）PPT 教学课件； （2）《DRS 软件操作手册》		

笔 记

任务5　画面划痕修复

资讯单 5

学习场	影视修复		
学习情境	画面划痕修复操作介绍		
学习任务	画面划痕修复	学时	40 分钟
工作过程	了解并学习 DRS 软件的划痕工具，修复画面的划痕		
收集资讯	（1）教师讲解； （2）互联网查询； （3）学生交流； （4）DRS 相关书籍资料查找		
资讯描述	查看教师提供的资料，获取信息，便于了解画面划痕修复		
学生要求	（1）准备上课时所需要的计算机及安装教学软件——DRS 软件； （2）了解 DRS 软件的基本运用； （3）预习划痕修复工具的界面窗口		
参考资料	（1）PPT 教学课件； （2）《DRS 软件操作手册》		

笔　记

计划单 5

学习场	影视修复			
学习情境	画面划痕修复操作介绍			
学习任务	画面划痕修复	学时	20 分钟	
工作过程	了解并学习 DRS 软件的划痕工具，修复画面的划痕			
计划制订	学生之间分组讨论			
序 号	工作步骤	注意事项		
1	查看 DRS 相关参考资料			
2	了解熟悉 DRS 软件的大体模块功能			
3	练习划痕修复工具			
计划评价	班 级		第___组	组长签字
	教师签字		日 期	
	评语：			

笔 记

任务5　画面划痕修复

决策单 5

学习场	影视修复			
学习情境	画面划痕修复操作介绍			
学习任务	画面划痕修复	学时	20 分钟	
工作过程	了解并学习 DRS 软件的划痕工具，修复画面的划痕			
计划对比				
序　号	计划的可行性	计划的经济性	计划的可操作性	计划的实施难度	综合评价
1					
2					
3					
4					
5					
	班　　级		第___组	组长签字	
	教师签字		日　　期		
决策评价	评语：				

笔　记

实施单 5

学习场	影视修复		
学习情境	画面划痕修复操作介绍		
学习任务	画面划痕修复	学时	200 分钟
工作过程	了解并学习 DRS 软件的划痕工具，修复画面的划痕		
序号	实施步骤	注意事项	
1	划痕修复工具窗口界面介绍		
2	划痕修复工具功能操作介绍		
3	划痕修复工具快捷键介绍		
4	划痕修复工具使用步骤介绍		
实施说明	（1）直线划痕工具的密度属性，Light 为修复白色划痕，Dark 为修复黑色划痕； （2）划痕工具实际修复中左侧蓝色框体为选中框体，红色框体为识别框体，红色框体可在蓝色框体内移动，具体修复可通过观察峰值来确认； （3）黑色划痕为凹型峰值，白色划痕为凸型峰值		
实施评价	班级		第___组	组长签字	
	教师签字		日期		
	评语：				

笔 记

检查单 5

学习场	影视修复			
学习情境	画面划痕修复操作介绍			
学习任务	画面划痕修复	学时	20 分钟	
工作过程	了解并学习 DRS 软件的划痕工具，修复画面的划痕			
序号	检查项目	检查标准	学生自查	教师检查
1	资讯环节	了解相关信息		
2	计划环节	划痕修复功能概述		
3	实施环节	划痕工具功能介绍		
4	检查环节	逐一检查各个环节		
检查评价	班级		第___组	组长签字	
	教师签字		日期		
	评语：				

笔 记

评价单 5

学习场	影视修复			
学习情境	画面划痕修复操作介绍			
学习任务	画面划痕修复		学时	20 分钟
工作过程	了解并学习 DRS 软件的划痕工具，修复画面的划痕			
评价项目	评价子项目	学生自评	组内评价	教师评价
资讯环节	（1）听取教师讲解； （2）互联网查询； （3）学生交流			
计划环节	（1）查询相关资料情况； （2）画面划痕修复概述			
实施环节	（1）学习态度； （2）划痕修复功能介绍； （3）画面划痕修复展示			
最终结果	综合情况			
评　价	班　级		第___组	组长签字
	教师签字		日　期	
	评语：			

笔 记

任务5　画面划痕修复

教学引导文设计单5

学习场	影视修复	学习情境	画面划痕修复操作介绍
		学习任务	画面划痕修复

普适性工作过程	典型工作过程					
	资讯	计划	决策	实施	检查	评价
画面划痕修复属性介绍	互联网查询	查询资料	计划的可操作性	互联网查询	检查查询资料笔记	评价划痕修复工具的了解程度
画面划痕修复操作功能介绍	教师讲解	学生分组讨论	计划的实施难度	PPT教材课件讲解	划痕修复工具熟练程度	评价学习态度
画面划痕特性修复介绍	了解划痕修复工具的功能操作	了解划痕修复的工作内容	综合评价	素材图修复	检查划痕修复程度	评价素材划痕修复程度

笔　记

教学反馈单（学生反馈）5

学习场	影视修复		
学习情境	画面划痕修复操作介绍		
学习任务	画面划痕修复	学时	8学时（320分钟）
工作过程	了解并学习DRS软件的划痕工具，修复画面的划痕		
调查项目	序号	调查内容	理由描述
	1	资讯环节	
	2	计划环节	
	3	实施环节	
	4	检查环节	

您对本次课程教学的改进意见：

| 调查信息 | 被调查人姓名 | | 调查日期 | |

笔 记

分组单 5

学习场	影视修复			
学习情境	画面划痕修复操作介绍			
学习任务	画面划痕修复	学时	8学时（320分钟）	
工作过程	了解并学习 DRS 软件的划痕工具，修复画面的划痕			
分组情况	组别	组长	组员	
	1			
	2			
	3			
	4			
	5			
	6			
	7			
分组说明				
班　级		教师签字	日　期	

笔 记

教师实施计划单 5

学习场	影视修复				
学习情境	画面划痕修复操作介绍				
学习任务	画面划痕修复	学时		8学时（320分钟）	
工作过程					
序　号	工作与学习步骤	学时	使用工具	地点	方式	备注
1	资讯情况	40 分钟	互联网			
2	计划情况	20 分钟	计算机			
3	决策情况	20 分钟	计算机			
4	实施情况	200 分钟	DRS NOVA			
5	检查情况	20 分钟	计算机			
6	评价情况	20 分钟				
班　级		教师签字		日　期		

笔　记

任务5　画面划痕修复

成绩报告单5

_____班级_____姓名_____学习场（课程）成绩报告单

学习场	影视修复			
学习情境	画面划痕修复操作介绍			
学习任务	画面划痕修复		学时	8学时（320分钟）
评分项	自评	小组评	教师评	企业导师评
资讯				
计划				
决策				
实施				
检查				

笔　记

理 论 指 导

5.1　DRS 软件画面划痕修复工作内容

5.1.1　画面划痕修复介绍

DRS 软件能够检测和修复数字图像或视频中的划痕。划痕可能是由于老旧胶片的磨损或扫描过程中的损坏导致的。该软件使用各种图像处理技术，如插值、填充和修补，来修复这些划痕，以恢复图像的完整性。

5.1.2　DRS 软件的 Scratch 工具介绍

Scratch 工具专业解决电影修复中最常见且最具挑战性的划痕问题。

Scratch 工具功能的一般概述如下。

（1）检测和修复：Scratch 工具擅长检测并自动修复电影中的纵向和横向划痕，包括几乎不可见的细小划痕以及更深、更明显的划痕。

（2）高级算法：利用高级算法，该工具能够区分实际的划痕和电影内容的一部分，减少错误更改本应保留的图像细节的风险。

（3）手动调整：对于自动修复可能无法达到完美结果的情况，DRS NOVA Master 提供了手动调整选项。用户可以微调修复设置，以更好地满足被修复电影的特定需求。

5.1.3　DRS 软件的 Paint 工具介绍

（1）逐帧修复：允许逐帧进行详细修复工作，对于修复自动化工具无法完美处理的问题至关重要，如复杂的污点、划痕或穿越重要图像细节的撕裂。

（2）多种笔刷类型：该工具包括多种笔刷类型和大小，用于不同的修复任务，如去除灰尘、修复划痕和填补帧中的缺失部分。

（3）克隆和贴片：包括克隆（从帧的一个区域复制像素到另一个区域）和贴片（用好的区域覆盖损坏区域）典型功能，这些对于详细的修复工作是必不可少的。

（4）自动化和手动工具：虽然主要是手动操作，但 Paint 工具可提供某种程度的自动化或辅助功能，如自动对齐克隆贴片或基于软件分析建议需要修复的区域。

5.2　划痕修复工作界面

5.2.1　划痕修复工具——DRS 软件的 Scratch 工具窗口介绍

Scratch 工具作为 4K 胶片修复工作中最为常用的划痕修复工具，在实际使用过程中有很多技巧方法。图 5-1 为 Scratch 工具属性界面。

（1）Density 工具，是指直线划痕工具的密度属性，Light 为修复白色划痕，Dark 为修复黑色划痕，如图 5-2 所示。具体选项可根据实际情况选择。

任务5　画面划痕修复

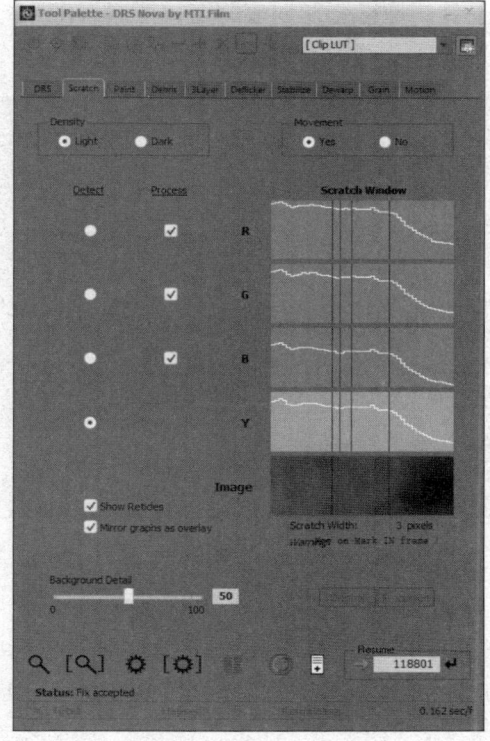

图 5-1　Scratch 工具属性界面

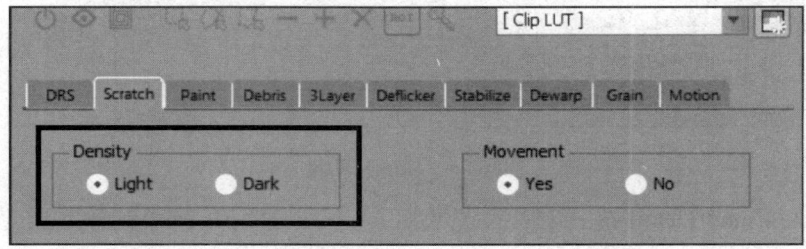

图 5-2　Density 工具

（2）Movement 工具，是指线条移动识别，Yes 选项为开启识别，No 选项为关闭识别，Movement 属性一般配合 Density 属性使用，在修复色差跨度较大的线条时自动校正色差，如图 5-3 所示。

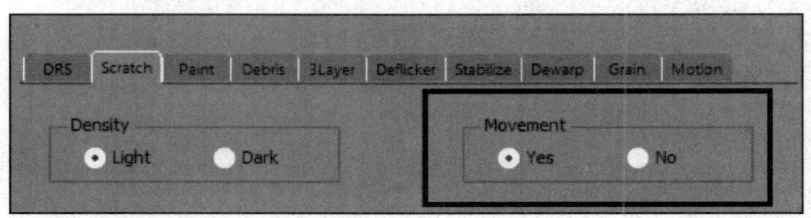

图 5-3　Movement 工具

（3）Scratch Window 工具，是指修复划痕的窗口工具，R、G、B、Y 分别代表红、绿、蓝、黄四种颜色。Detect 为选择通道，Process 为开启、关闭通道，如图 5-4 所示。

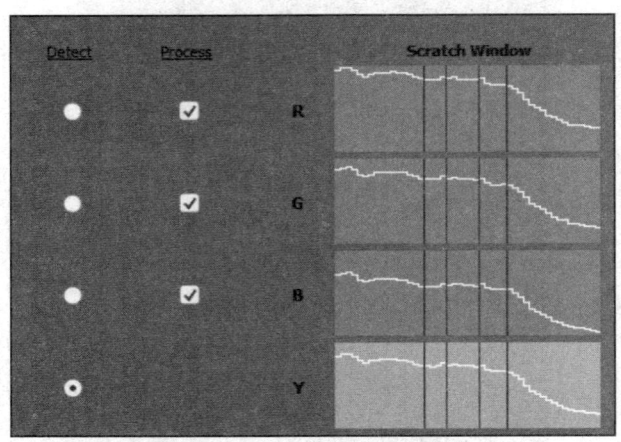

图 5-4　Scratch Window 工具

（4）Image 工具为最终通过叠加通道从而得到完整的图窗口。Show Retides 选项为开启实时数字信号处理仿真系统即开启对比，一般此选项为选中状态。Mirror graphs as overlay 选项为覆盖当前图层，一般此选项也为选中状态。具体如图 5-5 所示。

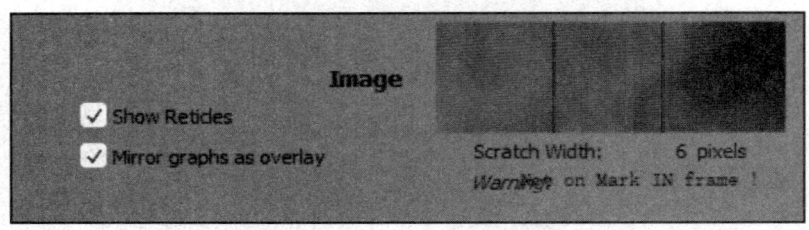

图 5-5　Image 工具

（5）Background Detail 这一工具为背景细节，可调整背景的颗粒覆盖程度，根据需要自行调节。数值越高模糊程度越大，颗粒感越强；数值越低模糊程度越低，颗粒感越低。具体选择根据实际修复时的影片质量自行调节，如图 5-6 所示。

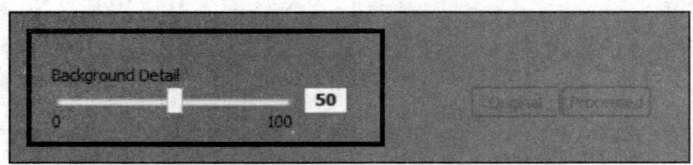

图 5-6　Background Detail 工具

（6）单帧预览选项，快捷键为 D；框选帧全部预览选项，快捷键为 Shift+D。具体如图 5-7 所示。

（7）确认修复选项，快捷键为 G；框选帧全部确认修复选项，快捷键为 Shift+G。具体如图 5-8 所示。

任务5　画面划痕修复

图 5-7　单帧预览和框选帧全部预览工具

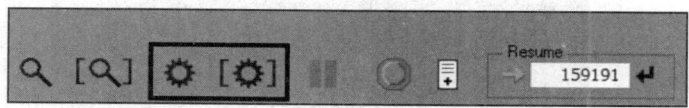

图 5-8　确认修复和框选帧全部确认修复工具

（8）Scratch 工具中的修复中暂停和停止工具，如图 5-9 所示。

图 5-9　修复中暂停和停止工具

Scratch 工具在实际修复中，左侧蓝色框体为选中框体，红色框体为识别框体，红色框体可在蓝色框体内移动，右侧为 R、G、B、Y 四色通道和图片通道，具体修复可通过观察峰值来确认，黑色划痕为凹型峰值（见图 5-10），白色划痕为凸型峰值（见图 5-11），通道内黑色竖线为框选线，鼠标左键控制左竖线，鼠标右键控制右竖线。

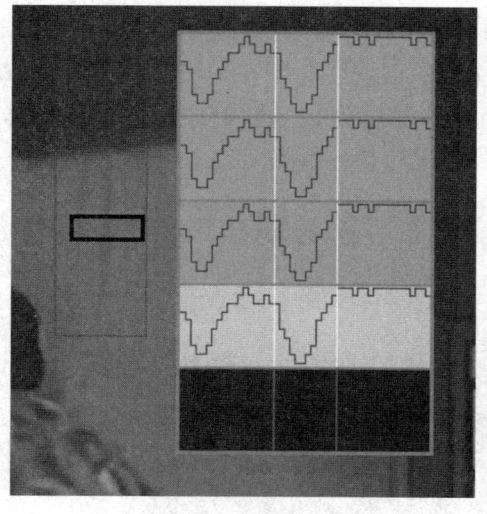　　　　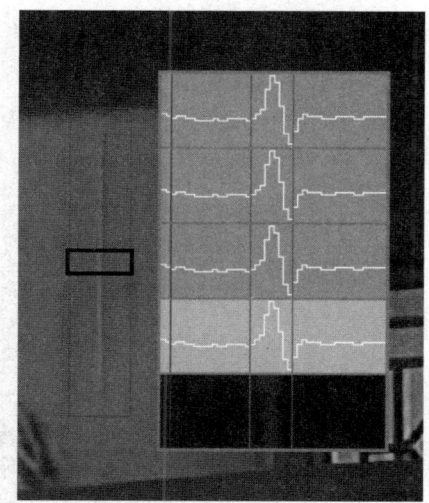

图 5-10　黑色划痕为凹型峰值　　　　图 5-11　白色划痕为凸型峰值

5.2.2　划痕修复工具——DRS 软件的 Paint 工具窗口介绍

Paint 工具作为 4K 胶片修复工作中常用的修复胶痕、大撕裂伤的工具，在实际使用过程中有很多技巧方法。图 5-12 为 Paint 工具属性界面。下面就 Paint 工具中的各种属性设置逐一进行说明。

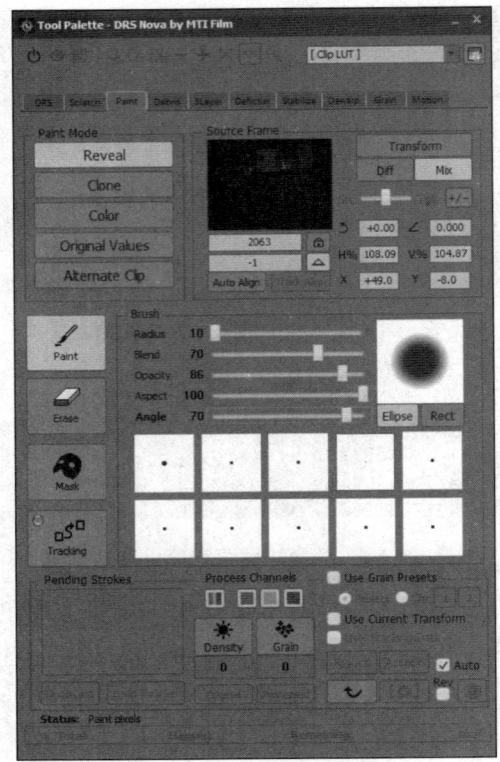

图 5-12　Paint 工具属性界面

（1）Paint Mode 是指 Paint 工具中的基础工具，Reveal 为刷子工具，Clone 为克隆工具，Color 为颜色绘制工具，Original Values 为初始数据即把当前帧改回初始时的样子，Alternate Clip 为替换剪辑，具体选项可根据实际情况选择，如图 5-13 所示。

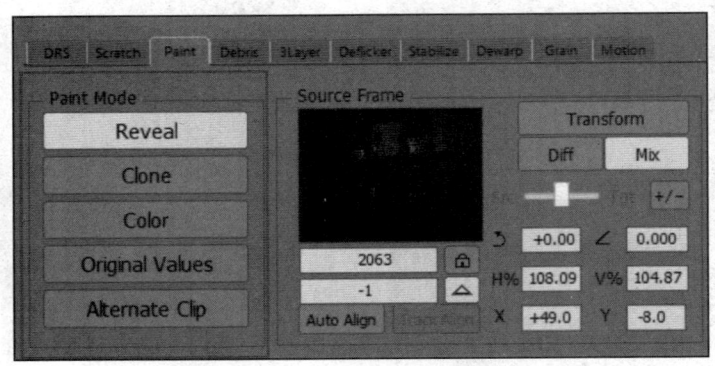

图 5-13　Paint Mode 工具

图 5-14 为 Paint 工具中的显示在做影片中的小窗口，上方白框中显示的数字为当前帧，就是正在做的帧，下方白框中显示的为要借鉴的帧，+2 为后两帧，-2 为前两帧，通常情况下不会用 +1 和 -1，会出现错误。因为借鉴 +1 和 -1 的情况下，前后帧与当前帧大概一致，会出现固帧的情况。

任务5　画面划痕修复

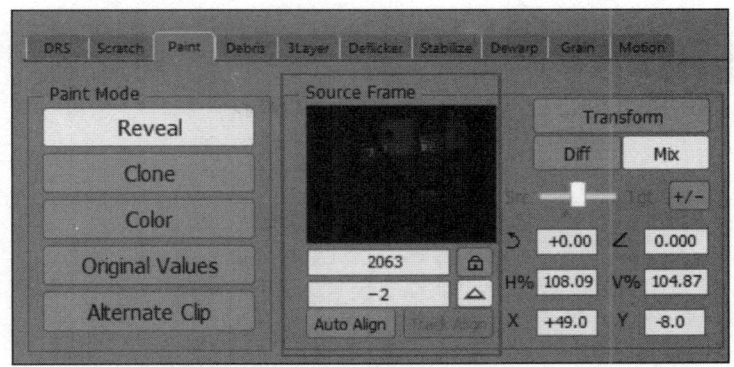

图 5-14　Paint Mode 工具窗口

（2）Paint 和 Erase 为画笔和橡皮工具，如图 5-15 所示。

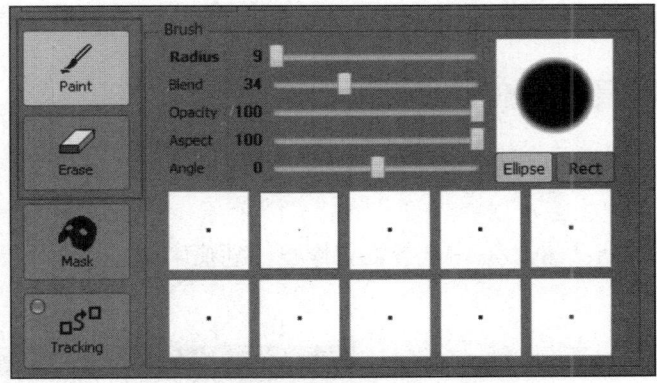

图 5-15　Paint 和 Erase 工具

Paint 工具中的调节画笔形状的工具，Ellipse 为圆形，Rect 为方形。通常情况用圆形居多，左边是选择的笔刷并根据需要调整画笔参数，Radius 为半径，Blend 为边缘，Opacity 为透明度，Aspect 为方向，Angle 为角度。具体如图 5-16 所示。

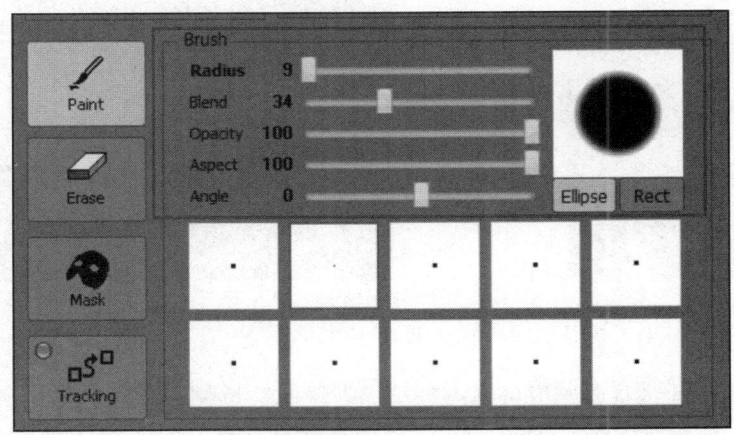

图 5-16　Paint 工具

5.3 划痕修复工具快捷键

划痕修复工具快捷键如表 5-1 所示。

表 5-1 划痕修复工具快捷键

功　　能	快　捷　键	功　　能	快　捷　键
预览当前帧	D	切换预览	T
拒绝挂起的修复	A	入点	E
出点	R	预览标记的帧范围	Shift+D
渲染当前帧	G	渲染标记帧范围	Shift+G
暂停渲染	空格	恢复渲染	空格
停止渲染	Ctrl+ 空格	显示/隐藏边界线	Shift+W
显示/隐藏修复前	W		

5.4 划痕修复工具使用步骤

5.4.1 Scratch 工具使用步骤

（1）检查画面情况，确定划痕范围，如图 5-17 所示。

（2）使用 Scratch 工具框，右击选择需要修复的划痕区域，选择划痕属性与运动属性，如图 5-18 所示。

图 5-17 确定划痕范围（1）

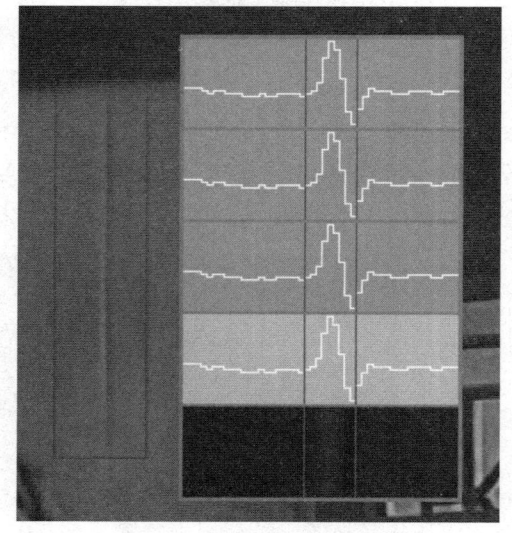

图 5-18 选择划痕区域

（3）用鼠标左键或右键调节红线来框选需要修复的区域。观察选框内峰值，鼠标左键控制左竖线，鼠标右键控制右竖线，按 D 键预览修复效果，如图 5-19 所示。

（4）确定修复效果后按 G 进行修复，观看修复后的效果，如图 5-20 所示。

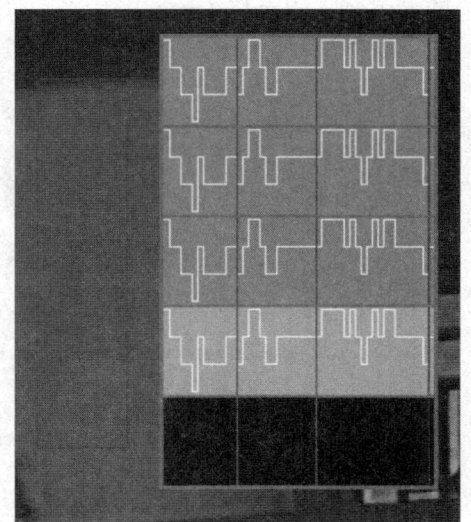 

图 5-19　预览修复效果　　　　　　　　图 5-20　修复后的效果

注意：在进行线条修复时，如果发现线条两端没有处理干净，可以再使用 Scratch 工具进行补修。黑白线条、横着的线条都可以使用 Scratch 工具修复。如果线条的颜色不统一，整体修复会出现变色的问题。可根据线条颜色分段修复。

5.4.2　Paint 工具使用步骤

（1）检查画面情况，确定划痕范围，如图 5-21 所示。

（2）确定参考前一帧为 –1，如图 5-22 所示。

 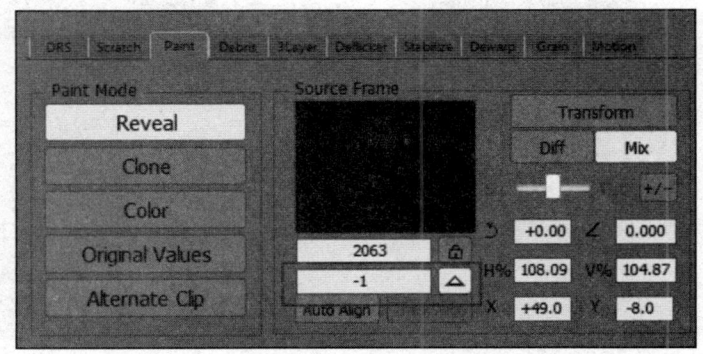

图 5-21　确定划痕范围（2）　　　　　图 5-22　确定参考前一帧

（3）使用 Paint 工具快捷键 Alt+Q 后，右击校准对齐需要修复划痕的范围，如图 5-23 所示。

（4）设置 Paint 笔刷工具参数，设置画笔的 Radius、Blend、Opacity 参数，如图 5-24 所示。

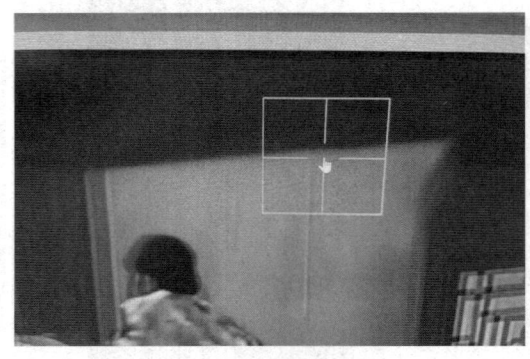 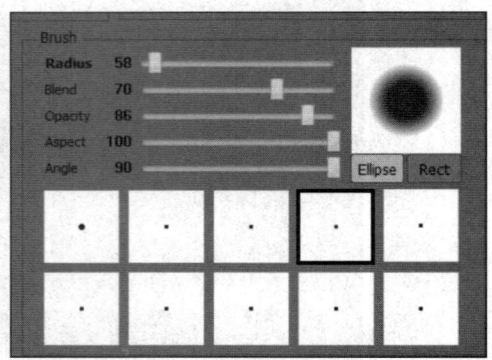

图 5-23 校准对齐　　　　　　　　　　　图 5-24 设置参数

（5）校准对齐画面后，使用 Paint 笔刷工具进行绘制，如图 5-25 所示。
（6）确认修复完成后，修复前后的效果对比如图 5-26 所示。

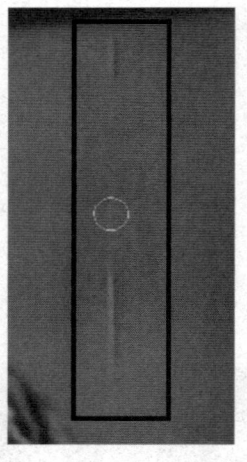 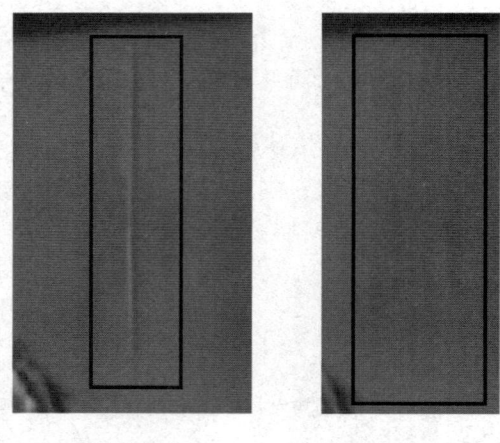

　　　　　　　　　　　　　　　　　　(a) 修复前　　　　(b) 修复后

图 5-25 进行绘制　　　　　　　　　图 5-26 修复前后的效果对比

任务 6

画面噪点修复

任 务 表 单

学习性工作任务单 6

学习场	影视修复		
学习情境	使用 DRS 软件对数字画面进行噪点去除		
学习任务	画面噪点修复	学时	8 学时（320 分钟）
工作过程	分析修复内容→确定修复范围→确定修复工具→修复选中区域→调整修复参数		
学习目标	（1）了解常见噪点类型范围的基本知识； （2）掌握检查图像、视频中噪点类型的操作步骤； （3）掌握噪点修复的工作流程； （4）能结合实际项目内容完成噪点修复的基本工作； （5）能综合运用所学技能对画面进行噪点修复		
任务描述	画面噪点修复		
学时安排	资讯 40 分钟　计划 20 分钟　决策 20 分钟　实施 200 分钟　检查 20 分钟　评价 20 分钟		
学生要求	（1）做好课前预习； （2）打开需要修复的样片； （3）仔细筛选出所需修复噪点部分； （4）DRS 软件操作练习		
参考资料	（1）PPT 课件； （2）《DRS 软件操作手册》		

笔 记

资讯单 6

学习场	影视修复		
学习情境	使用 DRS 软件对数字画面进行噪点去除		
学习任务	画面噪点修复	学时	40 分钟
工作过程	分析修复内容→确定修复范围→确定修复工具→修复选中区域→调整修复参数		
收集资讯	（1）教师讲解； （2）互联网查询； （3）学生交流； （4）企业项目标准		
资讯描述	查看教师提供的资料，获取信息，便于了解 DRS		
学生要求	（1）准备好学习用品及任务书； （2）提前预习； （3）DRS 软件操作练习		
参考资料	（1）PPT 课件； （2）《DRS 软件操作手册》		

笔 记

计划单 6

学习场	影视修复		
学习情境	使用 DRS 软件对数字画面进行噪点去除		
学习任务	画面噪点修复	学时	20 分钟
工作过程	分析修复内容→确定修复范围→确定修复工具→修复选中区域→调整修复参数		
计划制订	（1）学生分组讨论； （2）教师讲解		

序　号	工作步骤	注意事项
1	查看参考资料	
2	分析确定修复内容	
3	确定修复范围	
4	修复选中区域	
5	检查修复后效果	

	班　　级		第___组	组长签字	
	教师签字		日　　期		
计划评价	评语：				

笔　记

决策单 6

学习场	影视修复			
学习情境	使用 DRS 软件对数字画面进行噪点去除			
学习任务	画面噪点修复	学时	20 分钟	
工作过程	分析修复内容→确定修复范围→确定修复工具→修复选中区域→调整修复参数			

计划对比

序号	计划的可行性	计划的经济性	计划的可操作性	计划的实施难度	综合评价
1					
2					
3					
4					
5					

	班　　级		第___组	组长签字	
	教师签字		日　　期		
决策评价	评语：				

笔　记

任务6 画面噪点修复

实施单 6

学习场	影视修复			
学习情境	画面噪点修复			
学习任务	画面噪点修复		学时	200 分钟
工作过程	分析修复内容→确定修复范围→确定修复工具→修复选中区域→调整修复参数			
序 号	实施步骤		注意事项	
1	噪点画面寻找			
2	对比噪点前后画面			
3	修复噪点区域			
4	调整噪点修复画面			
5	检查修复画面			
实施说明	（1）启动 DRS Nova development 程序后不会显示图像窗口，需要导入图像素材，新建一个项目； （2）修复噪点区域时，系统将自动创建（复制）修复后的画面文件，并将自动保存原视频图像文件； （3）仿照案例，进行下一个画面内容的修复			
实施评价	班　级		第___组	组长签字
	教师签字		日　期	
	评语：			

笔 记

检查单6

学习场	影视修复		
学习情境	使用DRS软件对数字画面进行噪点去除		
学习任务	画面噪点修复	学时	20分钟
工作过程	分析修复内容→确定修复范围→确定修复工具→修复选中区域→调整修复参数		

序号	检查项目	检查标准	学生自查	教师检查
1	资讯环节	了解什么画面需要噪点修复		
2	计划环节	在企业项目档期内影片噪点修复工作情况		
3	实施环节	电影《红孩子》序列帧噪点修复		
4	检查环节	逐一检查各个环节		

检查评价	班级		第___组	组长签字	
	教师签字		日期		
	评语：				

笔 记

任务6 画面噪点修复

评价单6

学习场	影视修复			
学习情境	使用DRS软件对数字画面进行噪点去除			
学习任务	画面噪点修复	学时	20分钟	
工作过程	分析修复内容→确定修复范围→确定修复工具→修复选中区域→调整修复参数			
评价项目	评价子项目	学生自评	组内评价	教师评价
资讯环节	（1）听取教师讲解； （2）互联网查询； （3）学生交流			
计划环节	（1）查询资料情况； （2）画面噪点修复镜头数量			
实施环节	（1）学习态度； （2）画面观察细致程度； （3）使用软件的熟练程度； （4）新镜头的修复情况			
最终结果	综合情况			
评价	班　级		第___组	组长签字
	教师签字		日　期	
	评语：			

笔　记

教学引导文设计单 6

学习场	影视修复	学习情境	使用 DRS 软件对数字画面进行噪点去除			
		学习任务	画面噪点修复			
普适性工作过程	典型工作过程					
	资讯	计划	决策	实施	检查	评价
分析修复内容	教师讲解	学生分组讨论	计划的可行性	使用素材文件	获取相关信息情况	评价学习态度
确定修复范围	教师讲解	查询资料	计划的可行性	审核画面—前帧—后帧对比	校色过程中相互影响情况	评价校色顺序对校色结果的影响
工具	互联网查询	查询资料	计划的可操作性	DRS 工具使用	选区工具的合理性	评价选区工具的灵活运用
修复选中区域	互联网查询	查看修复最终效果	计划的经济性	设置选区位置	检查选区参数	评价选区参数
调整修复参数	企业项目标准	查看序列素材文件最终效果	计划的实施难度	对比修复后画面噪点位置	检查序列素材选区参数	评价序列素材选区参数

笔 记

教学反馈单(学生反馈)6

学习场	影视修复		
学习情境	使用 DRS 软件对数字画面进行噪点去除		
学习任务	画面噪点修复	学时	8 学时(320 分钟)
工作过程	分析修复内容→确定修复范围→确定修复工具→修复选中区域→调整修复参数		
调查项目	序号	调查内容	理由描述
	1	资讯环节	
	2	计划环节	
	3	实施环节	
	4	检查环节	

您对本次课程教学的改进意见:

调查信息	被调查人姓名		调查日期	

笔 记

分组单 6

学习场	影视修复		
学习情境	使用 DRS 软件对数字画面进行噪点去除		
学习任务	画面噪点修复	学时	8 学时（320 分钟）
工作过程	分析修复内容→确定修复范围→确定修复工具→修复选中区域→调整修复参数		

分组情况	组别	组长	组员						
	1								
	2								
	3								
	4								
	5								
	6								
	7								

分组说明	

班　级		教师签字		日　期	

笔 记

教师实施计划单 6

学习场	影视修复				
学习情境	使用 DRS 软件对数字画面进行噪点去除				
学习任务	画面噪点修复		学时	8 学时（320 分钟）	
工作过程	分析修复内容→确定修复范围→确定修复工具→修复选中区域→调整修复参数				
序 号	工作与学习步骤	学时	使用工具	地点	方式	备注
1	资讯情况	40 分钟	互联网			
2	计划情况	20 分钟	计算机			
3	决策情况	20 分钟	计算机			
4	实施情况	200 分钟	DRS NOVA			
5	检查情况	20 分钟	计算机			
6	评价情况	20 分钟				
班 级		教师签字		日 期		

笔 记

成绩报告单 6

_____班级_____姓名_____学习场（课程）成绩报告单

学习场	影视修复			
学习情境	使用 DRS 软件对数字画面进行噪点去除			
学习任务	画面噪点修复		学时	8 学时（320 分钟）
评分项	自评	小组评	教师评	企业导师评
资讯				
计划				
决策				
实施				
检查				

笔 记

理论指导

6.1 DRS 软件画面噪点修复工作内容

6.1.1 画面噪点修复介绍

DRS 软件能够检测和修复数字图像或视频中的噪点。噪点可能是由于老旧胶片的磨损或扫描过程中的损坏导致的。该软件使用各种图像处理技术，如插值、填充和修补，来修复这些噪点，以恢复图像的完整性。

6.1.2 DRS 修复噪点常用命令属性

DRS 工具作为 4K 胶片修复工作中最为常用和基础的工具，在实际使用过程中有很多技巧方法。下面对 DRS 工具中的噪点修复常用命令属性逐一进行说明，其界面如图 6-1 所示。

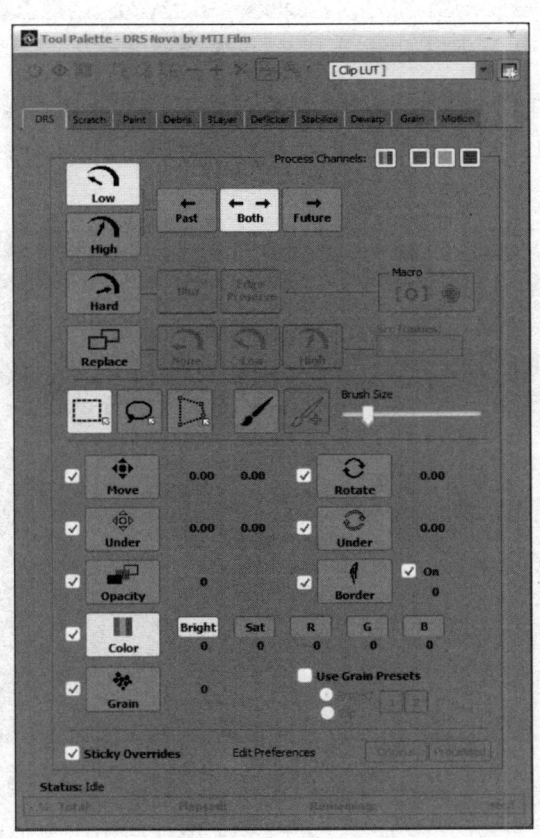

图 6-1 DRS 工具界面

（1）DRS 工具中的 Low 命令属性，是指较低强度的脏点修复，在脏点非常容易识别，与背景差别很大的情况下可以采用 Low 命令属性，使用 Low 命令属性进行脏点修复后与背景融合程度较好，但是对于与背景反差不大的脏点修复效果较差，如图 6-2 所示。

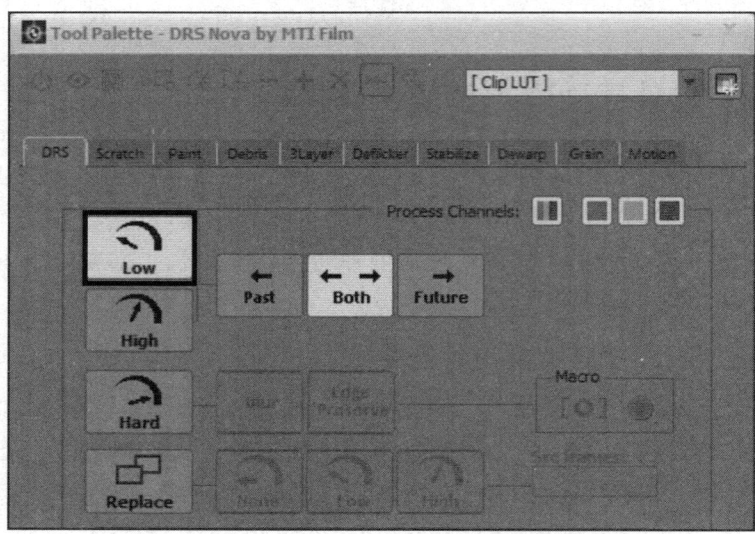

图 6-2　Low 工具界面

（2）DRS 工具中的 High 命令属性，是指较高强度的脏点修复，它的使用范围最广，对于脏点的识别能力较强，修复后的脏点与背景的融合程度较好，是 DRS 是工具中最为常用的命令属性，如图 6-3 所示。

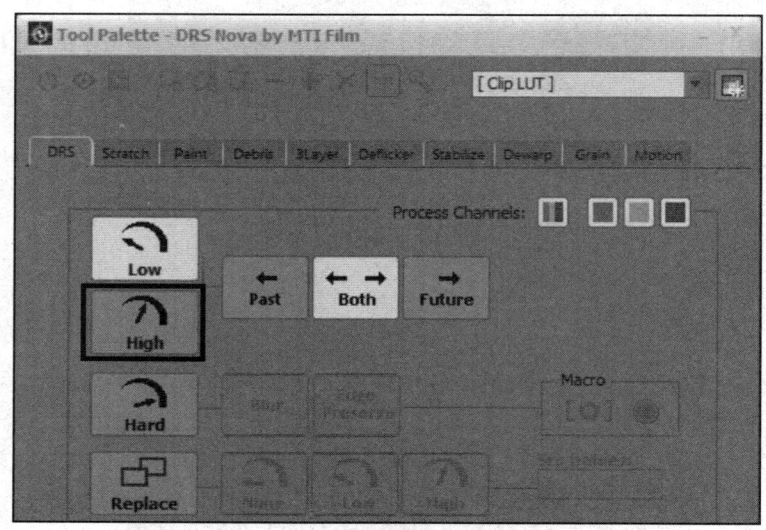

图 6-3　Hight 工具界面

（3）DRS 工具中的 Hard 命令属性，是这三个属性值中修复强度最大的属性，一般适用于动态较大影片中脏点的修复，它的修复特点是修复后羽化程度较高，与背景的融合程度较差，不适合大面积使用，如图 6-4 所示。

任务6　画面噪点修复

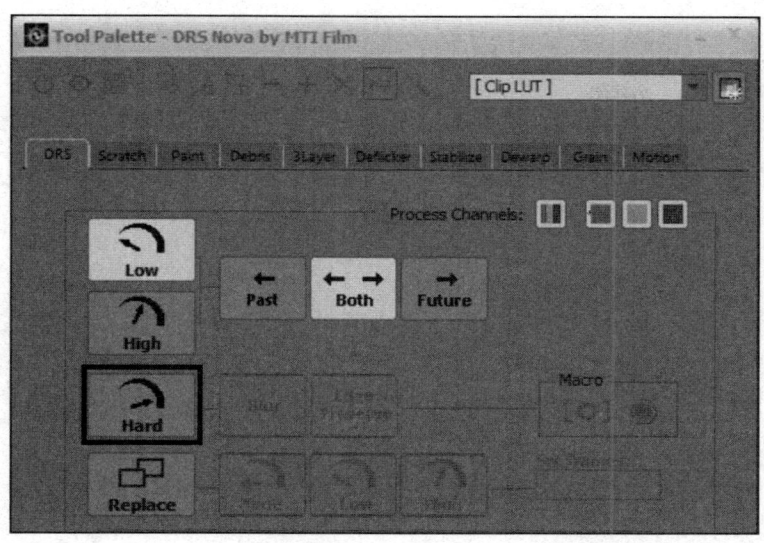

图 6-4　Hard 工具界面

（4）利用 DRS 工具中的 Low、High、Hard 命令属性进行修复的原理，是通过计算电影前后帧在同一位置的颜色，进行颜色的填充以达到修复的目的。明白了这个道理，这一组命令属性就很好理解了，Past 是借鉴前一帧，Both 是借鉴前后两帧，Future 是借鉴后一帧。一般常用的属性值为 Both，如图 6-5 所示。

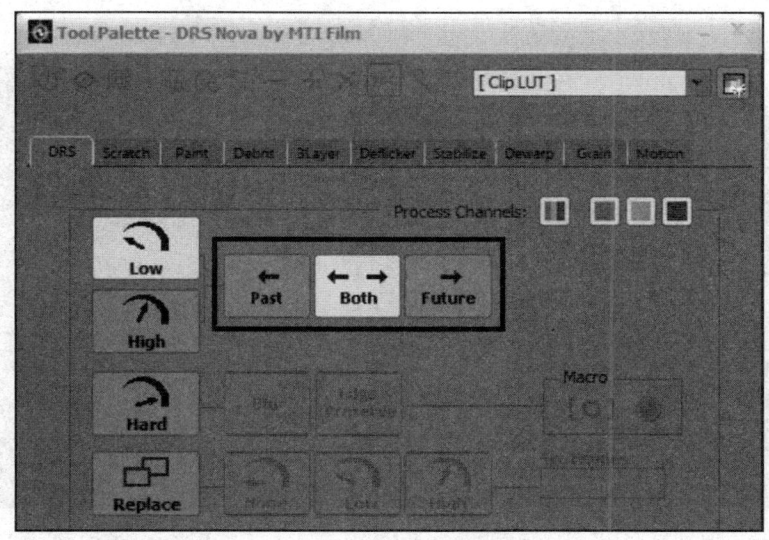

图 6-5　帧位置工具界面

下面这组工具在图形图像处理软件中非常常见，它们依次为矩形选框工具、套索工具和多边形工具，它们可以设置 DRS 工具修复时的形状，默认情况下一般使用矩形选框工具，在进行特殊形状的脏点修复时，也可以使用套索工具和多边形工具以达到更好的修复效果，如图 6-6 所示。

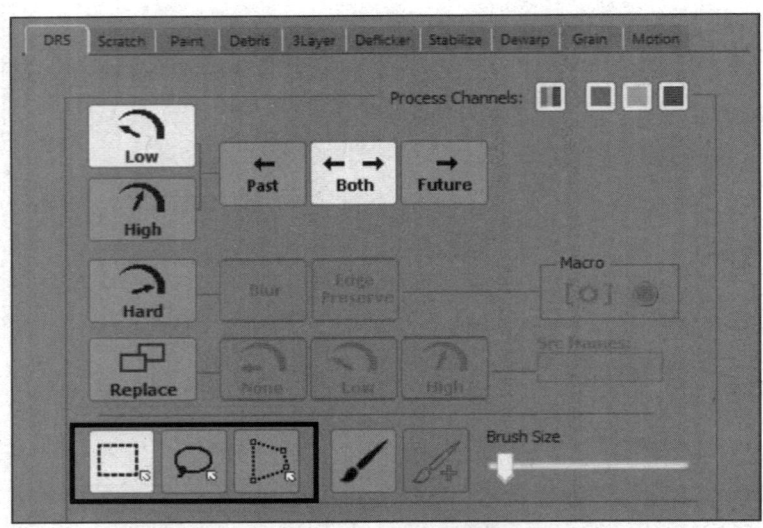

图 6-6　区域选择工具界面

6.2　DRS 修复噪点项目操作实例

（1）在 DRS 中打开项目文件，视频项目画面如图 6-7 所示。
（2）在视频画面中仔细观察静帧，并从中寻找需要修改的噪点位置，如图 6-8 所示。
注意：静帧画面中的噪点位置可能有多处。

图 6-7　视频项目画面　　　　　　　　　图 6-8　选中需要修改的噪点

（3）开始使用 DRS 工具综合操作修复噪点。单击 DRS 工具菜单栏，选择 Low 命令，接着选择帧位置命令中的 Both，如图 6-9 所示。
（4）选择视频静帧出现噪点的位置，然后按住鼠标左键框选噪点。
注意：选择噪点时需关注选择范围，尽量仔细，以避免反复调整。

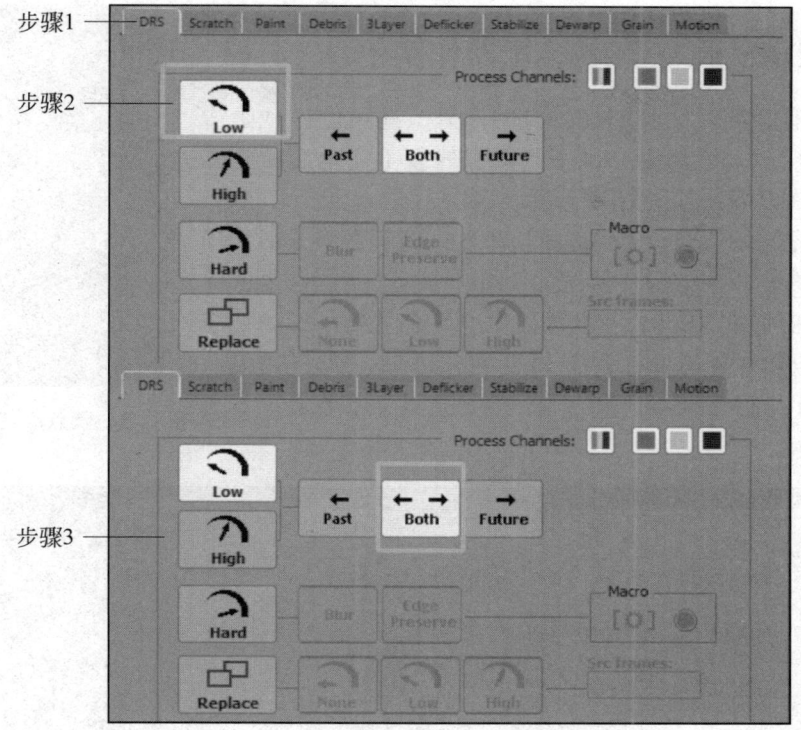

图 6-9 DRS 工具操作步骤

（5）噪点自动修复完成后，仔细观察是否有遗漏和前后帧问题，如图 6-10 所示。

图 6-10 噪点修复完成

6.3 DRS 调整噪点修复操作实例

（1）在实际项目中除明显噪点问题外，还可能出现画面噪点修复后的调色问题，以下是噪点修复不完全后所产生的色彩画面差异，如图 6-11 所示。

（2）首先分析原因，再寻找解决方法。此问题多是因为单纯的噪点修复命令与复杂画面背景相异，所产生的修复后问题。因此可使用色彩与修复区域柔化进行处理来解决。

（3）打开 DRS 菜单栏，下移至羽化区域，先将数值调整至合适区间，然后再调整颜色亮度值至合适数值，如图 6-12 所示。

图 6-11　噪点修复后出现的色差

图 6-12　噪点修复后调整颜色亮度

（4）完成更改，最终效果如图 6-13 所示。

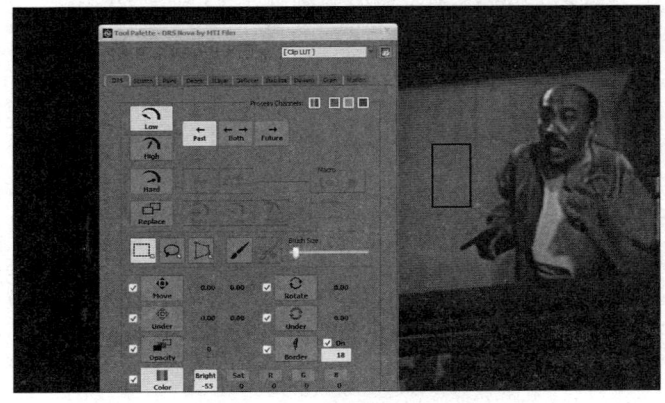

图 6-13　噪点修复调整的最终效果

任务 7

修复画面闪烁

任务表单

学习性工作任务单 7

学习场	影视修复		
学习情境	使用 Deflicker（抗闪烁）工具		
学习任务	修复画面闪烁	学时	8 学时（320 分钟）
工作过程	勾选处理范围→定义扫描类型→校正预览→渲染结果		
学习目标	（1）认识画面闪烁现象的产生； （2）了解修复画面闪烁的方法； （3）掌握局部抗闪烁步骤； （4）熟练使用 Deflicker（抗闪烁）工具； （5）了解 Boxes/Row（格子数量）工具数量的关系		
任务描述	修复前　　　　　　　　　修复后		
学时安排	资讯 40 分钟　计划 20 分钟　决策 20 分钟　实施 200 分钟　检查 20 分钟　评价 20 分钟		
学生要求	（1）提前预习 Deflicker（抗闪烁）工具； （2）打开 DRS 软件； （3）修复画面闪烁		
参考资料	（1）PPT 课件； （2）《DRS 操作软件手册》		

资讯单 7

学习场	影视修复		
学习情境	使用 Deflicker（抗闪烁）工具		
学习任务	修复画面闪烁	学时	40 分钟
工作过程	勾选处理范围→定义扫描类型→校正预览→渲染结果		
收集资讯	（1）教师讲解； （2）互联网查询； （3）学生交流		
资讯描述	查看教师提供的资料，获取信息，便于掌握工具		
学生要求	（1）准备好 DRS 软件和任务书； （2）提前预习； （3）修复画面闪烁		
参考资料	（1）PPT 课件； （2）《DRS 操作软件手册》		

笔 记

任务7 修复画面闪烁

计划单7

学习场	影视修复			
学习情境	使用 Deflicker（抗闪烁）工具			
学习任务	修复画面闪烁	学时	20分钟	
工作过程	勾选处理范围→定义扫描类型→校正预览→渲染结果			
计划制订	学生分组讨论			
序号	工作步骤		注意事项	
1	查看文件资料			
2	查询资料			
3	熟练运用 Deflicker 工具			
计划评价	班级		第___组	组长签字
	教师签字		日期	
	评语：			

笔 记

决策单 7

学习场	影视修复			
学习情境	使用 Deflicker（抗闪烁）工具			
学习任务	修复画面闪烁	学时	20 分钟	
工作过程	勾选处理范围→定义扫描类型→校正预览→渲染结果			

计划对比

序号	计划的可行性	计划的经济性	计划的可操作性	计划的实施难度	综合评价
1					
2					
3					
4					
5					
	班　级		第___组	组长签字	
	教师签字		日　期		
决策评价	评语：				

笔　记

任务7　修复画面闪烁

实施单 7

学习场	影视修复		
学习情境	使用 Deflicker（抗闪烁）工具		
学习任务	修复画面闪烁	学时	200 分钟
工作过程	勾选处理范围→定义扫描类型→校正预览→渲染结果		
序　号	实施步骤	注意事项	
1	设置 ROI 处理区域范围	要确定是应用于整个帧还是只应用于处理区域	
2	定义扫描类型	如果使用 RGB 扫描类型，需确定将处理哪个通道	
3	确定分隔帧的"框"数	只将要修复的区域框选即可	
4	校正预览：按 T 键切换	快捷键 Shift+D 预览标记帧范围	
5	渲染结果	快捷键 Shift+G 渲染标记帧范围	
实施说明	（1）打开 DRS NOVA 软件，打开影视素材； （2）使用 Deflicker 工具下 Graph 扫描所有帧，以快速找出明暗比例不协调的帧； （3）框选出需要修复闪烁的范围		
实施评价	班　级		第＿＿组	组长签字	
	教师签字		日　期		
	评语：				

笔　记

检查单 7

学习场	影视修复		
学习情境	使用 Deflicker（抗闪烁）工具		
学习任务	修复画面闪烁	学时	20 分钟
工作过程	勾选处理范围→定义扫描类型→校正预览→渲染结果		
序　号	检查项目	检查标准	学生自查	教师检查
1	资讯环节	获取相关信息		
2	计划环节	了解抗闪烁步骤		
3	实施环节	修复画面闪烁		
4	检查环节	逐一检查各个环节		
检查评价	班　级		第___组	组长签字	
	教师签字		日　期		
	评语：				

笔　记

评价单 7

学习场	影视修复				
学习情境	使用 Deflicker（抗闪烁）工具				
学习任务	修复画面闪烁		学时		20 分钟
工作过程	勾选处理范围→定义扫描类型→校正预览→渲染结果				
评价项目	评价子项目	学生自评		组内评价	教师评价
资讯环节	（1）听取教师讲解； （2）互联网查询； （3）学生交流				
计划环节	（1）提前预习工具； （2）了解修复步骤				
实施环节	（1）学习态度； （2）掌握 Deflicker； （3）修复画面闪烁				
最终结果	综合情况				
评价	班　级		第＿＿＿组		组长签字
	教师签字		日　　期		
	评语：				

笔记

教学引导文设计单 7

学习场	影视修复	学习情境	使用 Deflicker（抗闪烁）工具		
		学习任务	修复画面闪烁		
普适性工作过程	典型工作过程				
	资讯	计划	决策	实施	检查	评价
勾选处理范围	查阅教材	查看要框选修复的区域	计划处理范围	勾选素材文件修复区域	检查查询资料	评价工具熟练度
定义扫描类型	根据素材定义	查看明暗对比状况	计划的可行性	对比明显的区域	检查明暗对比	评价学习态度
校正预览	查阅教材	学生分组讨论	计划的可操作性	切换对比原始帧	检查修复程度	评价素材修复程度
渲染结果	根据对比校正	查看素材最终效果	综合评价	最终修复效果图	检查渲染效果	评价作品是否存在瑕疵

笔 记

教学反馈单(学生反馈)7

学习场	影视修复		
学习情境	使用 Deflicker(抗闪烁)工具		
学习任务	修复画面闪烁	学时	8学时(320分钟)
工作过程	勾选处理范围→定义扫描类型→校正预览→渲染结果		
调查项目	序号	调查内容	理由描述
	1	资讯环节	
	2	计划环节	
	3	实施环节	
	4	检查环节	

您对本次课程教学的改进意见:

调查信息	被调查人姓名		调查日期	

笔 记

分组单7

学习场	影视修复实训		
学习情境	使用Deflicker（抗闪烁）工具		
学习任务	修复画面闪烁	学时	8学时（320分钟）
工作过程	勾选处理范围→定义扫描类型→校正预览→渲染结果		

	组别	组长	组员
分组情况	1		
	2		
	3		
	4		
	5		
	6		
	7		

分组说明	

班　级		教师签字		日　期	

笔　记

教师实施计划单 7

学习场	影视修复实训				
学习情境	使用 Deflicker（抗闪烁）工具				
学习任务	修复画面闪烁		学时	8 学时（320 分钟）	
工作过程	勾选处理范围→定义扫描类型→校正预览→渲染结果				
序 号	工作与学习步骤	学时	使用工具	地点	方式	备注
1	资讯情况	40 分钟	互联网			
2	计划情况	20 分钟	计算机			
3	决策情况	20 分钟	计算机			
4	实施情况	200 分钟	DRS NOVA			
5	检查情况	20 分钟	计算机			
6	评价情况	20 分钟				
班　　级			教师签字		日　期	

笔 记

成绩报告单 7

_____班级_____姓名_____学习场（课程）成绩报告单

学习场	影视修复实训			
学习情境	使用 Deflicker（抗闪烁）工具			
学习任务	修复画面闪烁	学时	8 学时（320 分钟）	
评分项	自评	小组评	教师评	企业导师评
资讯				
计划				
决策				
实施				
检查				

笔 记

理论指导

7.1 DRS 软件画面闪烁修复工作内容

闪烁是指图像序列在空间和时间两个不同维度亮度不自然的随机变化，这种变化并非是原始画面亮度变化的真实反应。

造成闪烁的主要原因有胶片老化、化学变化以及质量较差画面转复制等。由于闪烁产生原因的多样性，闪烁的表现形式也不同，使得闪烁问题的处理成为较为复杂的过程。闪烁严重时不仅影响观看效果，还会产生视觉疲劳。对于纪录片闪烁问题主要以亮度闪烁为主，前后帧画面亮度差异较大且持续多帧，如图 7-1 所示。

图 7-1 闪烁画面

使用全局或分区用户定义的区域，消除由于胶片乳剂老化而导致的密度闪烁和褪色。Mistime 工具可修复由于实验室打印机轻度滞后而导致的进框顶部和出框底部的渐变伪影，如图 7-2 所示。

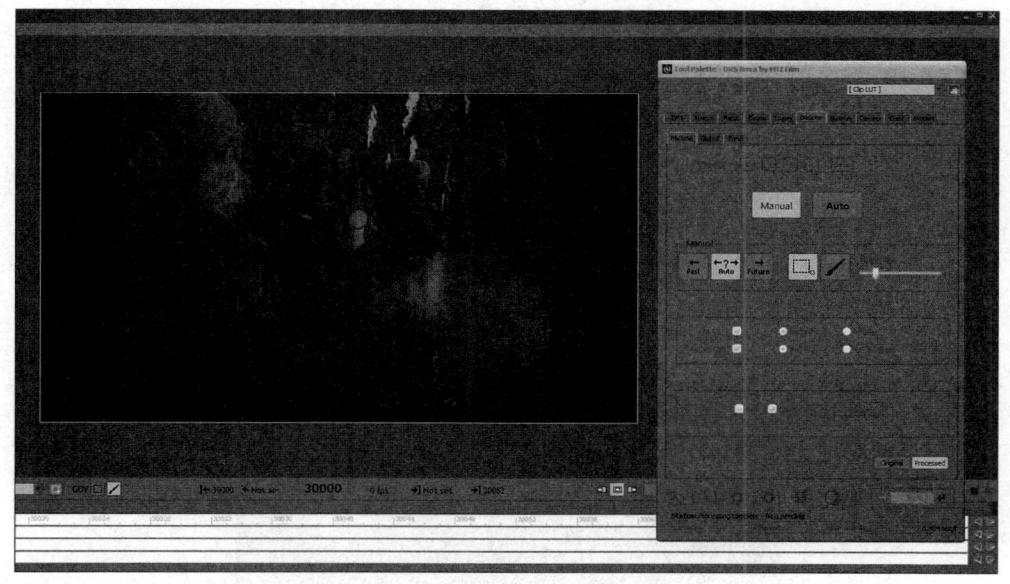

图 7-2 Mistime 工具修复电影《红孩子》画面

7.2 抗闪烁工具运用

7.2.1 Global（全局处理）

Global（全局处理）方式对素材明度进行统一调整（见图7-3）。

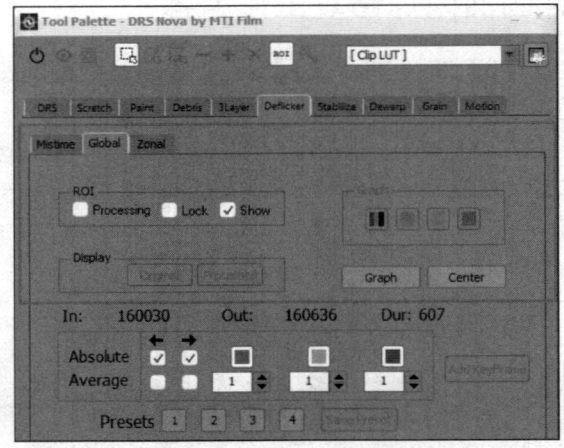

图7-3　Global（全局处理）工具

（1）ROI：区域性工具条。
- Processing（处理范围）：选中后只处理选定范围之内素材。
- Lock（锁定）：选中后不能手动修改选定范围。
- Show（显示）：选中后可在图像上显示手动选择的范围。

（2）Display（演示）：用于对比处理前后的区别。
- Original（未处理）：单击此按钮，图像会显示处理前的效果。
- processed（已处理）：单击此选按钮，图像会显示处理后的效果。

7.2.2 Zonal（区域型处理）

在每帧的多个区域进行计算并处理，解决局部闪烁、变色等问题，如图7-4~图7-6所示。

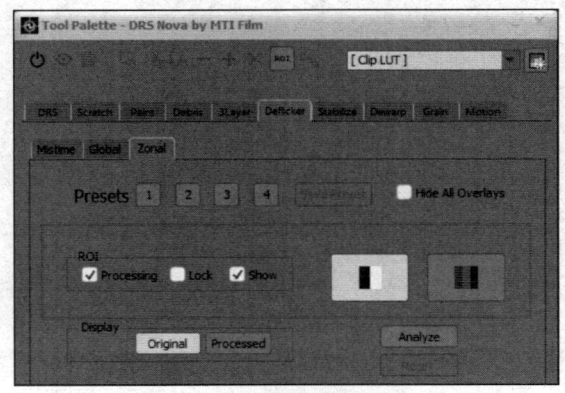

图7-4　Zonal（区域型处理）工具（1）

(1) ROI：区域性工具条。
- Processing（处理范围）：选中后只处理选定范围之内素材。
- Lock（锁定）：选中后不能手动修改选定范围。
- Show（显示）：选中后可在图像上显示手动选择的范围。

(2) Display（演示）：用于对比处理前后的区别。
- Original（未处理）：单击此按钮，图像会显示处理前的效果。
- Processed（预览）：单击此按钮，图像会显示处理后的效果。

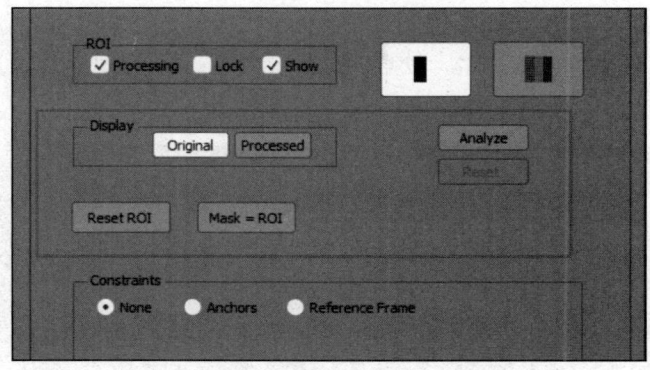

图 7-5 Zonal（区域型处理）工具（2）

(3) Analyze（分析）：以当前配置进行画面分析。
(4) Reset（复位）：恢复默认选项。
(5) Reset ROI（恢复默认选区）：恢复默认处理选区。
(6) Mask=ROI（遮罩区域选定）：手动添加需要遮罩的选区局部抗闪烁步骤。

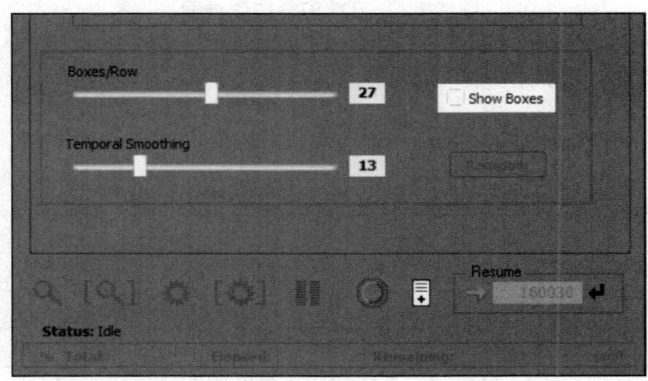

图 7-6 Zonal（区域型处理）工具（3）

(7) Boxes/Row（格子数量）：在当前画面区域分布数量。
(8) Show Boxes（显示框）：显示当前配置下区域覆盖预览图。
(9) Temporal Smoothing（平滑值）：判定区域之间颜色差异的平滑值。
(10) Resmooth（重新平滑）：重新调整画面的明暗平滑度。

7.2.3 局部抗闪烁操作步骤

局部抗闪烁操作界面如图 7-7 所示。
（1）设置 ROI（感兴趣区域）。
（2）确定校正是应用于整个帧还是只应用于处理区域。
（3）定义扫描类型。
（4）如果使用 RGB 扫描类型，需确定将处理哪些通道。
（5）确定用于分析的约束类型。
（6）确定分隔帧的"框"数。
（7）校正预览。按 T 键在原始未处理帧和校正预览之间切换。
（8）渲染修复结果。

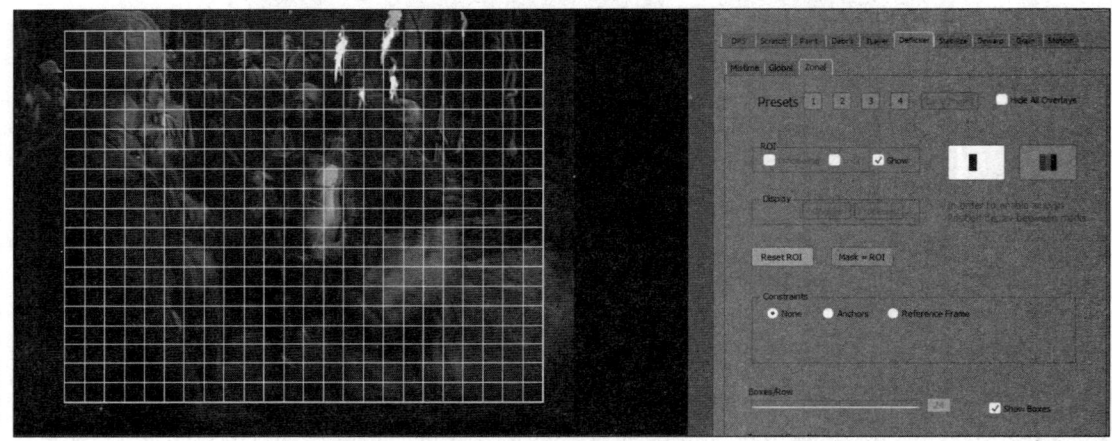

图 7-7　局部抗闪烁操作界面

7.2.4 抗闪烁工具快捷键

抗闪烁工具快捷键如表 7-1 所示。

表 7-1　抗闪烁工具快捷键

功　能	快　捷　键	功　能	快　捷　键
启用/禁用蒙版工具	Shift+I	预览标记帧范围	Shift+D
切换蒙版	Ctrl+I	渲染标记帧范围	Shift+G
切换显示 ROI 复选框	Ctrl+T	停止图形	Ctrl+空格键
转到下一个镜头	Shift+F	停止渲染	Ctrl+空格键
转到上一个镜头	Shift+S	—	—

模块 4
影视音频提升处理

任务 8

音 频 拆 分

任 务 表 单

学习性工作任务单 8

学习场	影视修复		
学习情境	使用拆分工具将原有音频进行拆分		
学习任务	音频拆分	学时	4 学时（160 分钟）
工作过程	分析文件素材→导入相关软件→调整相关参数→预处理并导出文件→评价处理后的音频文件→确定最终处理方案→保存处理后的音频		
学习目标	（1）了解拆分工具 RX 11、UVR5； （2）熟悉掌握拆分工具 RX 11 与 UVR5 的使用操作步骤； （3）掌握拆分音频文件的工作流程； （4）能针对不同的音频信号采用不同的工具进行分轨； （5）针对拆分后的音频文件进行信号音质主观评价		
任务描述	分别使用 RX 11 和 UVR5 对一段原有的音频文件进行拆分		
学时安排	资讯 20 分钟 / 计划 10 分钟 / 决策 10 分钟 / 实施 100 分钟 / 检查 10 分钟 / 评价 10 分钟		
学生要求	（1）安装好软件； （2）课前做好预习； （3）实现前期项目修复方案； （4）分析案例中的音频文件		
参考资料	（1）素材包； （2）PPT 课件		

笔 记

资讯单8

学习场	影视修复		
学习情境	使用拆分工具将原有音频进行拆分		
学习任务	音频拆分	学时	20分钟
工作过程	分析文件素材→导入相关软件→调整相关参数→预处理并导出文件→评价处理后的音频文件→确定最终处理方案→保存处理后的音频		
收集资讯	（1）教师讲解； （2）互联网查询； （3）学生交流； （4）企业项目标准		
资讯描述	根据相关素材，分析项目的标准要求，获取相关信息，对音频文件进行拆分		
学生要求	（1）准备好学习用品及任务书； （2）课前做好预习； （3）对两个不同的应用程序有一个认知； （4）提升对听觉的训练，加强主观感知培养		
参考资料	（1）素材包； （2）"声学基础"课程； （3）"音质主观评价"课程		

笔 记

计划单 8

学习场	影视修复		
学习情境	使用拆分工具将原有音频进行拆分		
学习任务	音频拆分	学时	10 分钟
工作过程	分析文件素材→导入相关软件→调整相关参数→预处理并导出文件→评价处理后的音频文件→确定最终处理方案→保存处理后的音频		
计划制订	（1）学生分组讨论，拆解工作流程，确定方案； （2）使用不同软件处理相同音频片段； （3）针对拆分后的音频文件进行评价		

序　号	工作步骤	注意事项
1	使用 RX 11 导入素材文件	
2	确定找到音乐再平衡模块	
3	针对拆分的类型调整参数	参数调整需要细心与耐心，多听多对比
4	导出音频文件	
5	对导出的音频文件进行评价	评价过程中需要使用监听耳机监听音响，通过音量大小、距离远近反复多次比较
6	使用 UVR5 导入素材文件	
7	找到相关的模块	相关的模块校对，可以多尝试不同的模块
8	根据音频素材调整参数	根据 UVR5 有限的处理手段处理参数调整
9	保存音频文件	
10	对导出音频文件进行评价	

	班　级		第＿＿＿组	组长签字	
	教师签字		日　期		
计划评价	评语：				

笔　记

决策单 8

学习场	影视修复		
学习情境	使用拆分工具将原有音频进行拆分		
学习任务	音频拆分	学时	10 分钟
工作过程	分析文件素材→导入相关软件→调整相关参数→预处理并导出文件→评价处理后的音频文件→确定最终处理方案→保存处理后的音频		

计划对比

序号	计划的可行性	计划的经济性	计划的可操作性	计划的实施难度	综合评价
1					
2					
3					
4					
5					

决策评价	班级		第___组		组长签字	
	教师签字		日期			
	评语：					

笔 记

任务8　音频拆分

实施单 8

学习场	影视修复		
学习情境	使用拆分工具将原有音频进行拆分		
学习任务	音频拆分	学时	100 分钟
工作过程	分析文件素材→导入相关软件→调整相关参数→预处理并导出文件→评价处理后的音频文件→确定最终处理方案→保存处理后的音频		
序　号	实施步骤	注意事项	
1	使用 RX 11 导入音频文件		
2	确定找到音乐再平衡模块		
3	针对拆分的类型调整参数	根据 RX 11 的使用特性确定拆分的音频文件内容	
4	导出音频文件		
5	对导出音频文件进行评价	对声音中的细节问题进行评价	
6	使用 UVR5 导入素材文件		
7	找到相关的模块		
8	根据音频素材调整参数	根据软件特点，拆分音频内容	
9	保存音频文件		
10	对导出音频文件进行评价		
实施说明	（1）将音频文件拆分成人声、音乐、音响三大块，从项目的经济性上来看，考虑拆分人声使用何种软件会更加方便快捷； （2）针对音乐与音响的部分，考虑使用何种软件能提高音频拆分提取的准确性； （3）根据不同的拆分要求，调整好相关的参数，并仔细监听预处理后的样本情况； （4）根据预处理结果，确定音频最终结果，并做好记录		
实施评价	班　　级		第＿＿＿组	组长签字	
	教师签字		日　　期		
	评语：				

笔　记

检查单 8

学习场	影视修复			
学习情境	使用拆分工具将原有音频进行拆分			
学习任务	音频拆分	学时	10 分钟	
工作过程	分析文件素材→导入相关软件→调整相关参数→预处理并导出文件→评价处理后的音频文件→确定最终处理方案→保存处理后的音频			
序号	检查项目	检查标准	学生自查	教师检查
1	资讯环节	确定不同软件的特性		
2	计划环节	根据音频轨道类型划分拆分内容		
3	实施环节	对电影《新儿女英雄传》进行音频拆分		
4	检查环节	逐一检查各个环节		
	班级		第___组	组长签字
	教师签字		日期	
检查评价	评语:			

笔记

任务8　音频拆分

评价单 8

学习场	影视修复			
学习情境	使用拆分工具将原有音频进行拆分			
学习任务	音频拆分	学时	10分钟	
工作过程	分析文件素材→导入相关软件→调整相关参数→预处理并导出文件→评价处理后的音频文件→确定最终处理方案→保存处理后的音频			
评价项目	评价子项目	学生自评	组内评价	教师评价
资讯环节	（1）教师讲解； （2）互联网查询情况； （3）学生交流情况； （4）企业项目标准情况			
计划环节	（1）查询资料情况； （2）在企业项目档期内音频文件处理情况			
实施环节	（1）学习态度； （2）使用软件的熟练度情况； （3）音质的主观评价			
最终结果	综合情况			
评价	班　级		第___组	组长签字
	教师签字		日　期	
	评语：			

笔　记

教学引导文设计单 8

学习场	影视修复	学习情境	使用拆分工具将原有音频进行拆分			
		学习任务	音频拆分			

普适性工作过程	典型工作过程					
	资讯	计划	决策	实施	检查	评价
分析音频文件	教师讲解	分组讨论	计划的可行性	使用素材文件	获取信息相关情况	评价学习态度
区分软件间的差异	教师讲解	查询资料	计划的可行性、经济性	使用素材文件	获取相关信息情况	评价学习态度
导入调整模块参数	教师讲解、互联网查询	查询资料	计划的可操作性	使用 Music Rebalance 或 UVR5 处理	检查模块参数	评价模块参数的灵活运用
导入预处理文件	教师讲解、互联网查询	查询资料	计划的可操作性	导出相关音频样本	检查参数与结果	评价操作步骤的便捷性
音频文件评价	音质主观评价	评判音频文件	计划的预期效果	对不同软件处理结果评价	检查频谱参数	评价软件的适用性
确定最终方案	企业项目标准	批量处理	计划的实施难度	根据文件类型使用不同的软件	检查相关模块参数情况	评价预估的计划方案
保存处理后的音频	互联网查询	了解音频文件的格式	综合评价	保存音频文件	检查音频文件的格式	评价音频文件的音质

笔 记

教学反馈单（学生反馈）8

学习场	影视修复		
学习情境	使用拆分工具将原有音频进行拆分		
学习任务	音频拆分	学时	4学时（160分钟）
工作过程	分析文件素材→导入相关软件→调整相关参数→预处理并导出文件→评价处理后的音频文件→确定最终处理方案→保存处理后的音频		
调查项目	序号	调查内容	理由描述
	1	资讯环节	
	2	计划环节	
	3	实施环节	
	4	检查环节	

您对本次课程教学的改进意见：

调查信息	被调查人姓名		调查日期	

笔 记

分组单 8

学习场	影视修复		
学习情境	使用拆分工具将原有音频进行拆分		
学习任务	音频拆分	学时	4学时（160分钟）
工作过程	分析文件素材→导入相关软件→调整相关参数→预处理并导出文件→评价处理后的音频文件→确定最终处理方案→保存处理后的音频		

分组情况	组别	组长	组员
	1		
	2		
	3		
	4		
	5		
	6		
	7		

分组说明	

班　级		教师签字		日　期	

笔　记

任务8 音频拆分

教师实施计划单 8

学习场	影视修复				
学习情境	使用拆分工具将原有音频进行拆分				
学习任务	音频拆分	学时	4 学时（160 分钟）		
工作过程	分析文件素材→导入相关软件→调整相关参数→预处理并导出文件→评价处理后的音频文件→确定最终处理方案→保存处理后的音频				
序 号	工作与学习步骤	学时	使用工具	地点	方式	备注
1	资讯情况	20 分钟	互联网			
2	计划情况	10 分钟	计算机			
3	决策情况	10 分钟	RX 11、UVR5			
4	实施情况	100 分钟	RX 11、UVR5			
5	检查情况	10 分钟	RX 11、UVR5			
6	评价情况	10 分钟	音箱、耳机			
班 级		教师签字		日 期		

笔 记

成绩报告单8

_____班级_____姓名_____学习场（课程）成绩报告单

学习场	影视修复			
学习情境	使用拆分工具将原有音频进行拆分			
学习任务	音频拆分		学时	4学时（160分钟）
评分项	自评	小组评	教师评	企业导师评
资讯				
计划				
决策				
实施				
检查				

笔 记

理 论 指 导

在音频拆分的过程中，多种软件都拥有拆分人声、音乐等功能，但是在专业性和处理结果来看，使用 RX 11 和 UVR5 更加方便和智能。

iZotope RX 是为满足后期制作专业人士苛刻需求设计的一款专业音频修复软件。iZotope RX 10 添加了新的特性和功能，以解决当今后期项目中存在的一些最常见的修复问题，使其成为音频后期制作的最优选择。RX 11 可以作为插件在 ProTools 等软件中使用，也可以将它单独使用。

UVR5（Ultimate Vocal Remover 5）是一款基于深度神经网络的乐器分离软件，通过训练模型准确地将鼓、贝斯、人声等其他声部进行分离。并且相较于 RX 11、RipX 和 SpectraLayers 等同类型软件，UVR5 在模型生成的质量和可选择性上都展现出显著优势。

8.1 拆分音频文件

本次课程从诸多 DAW 软件以及专业频率修复工具中选取了两款分别讲解，它们分别是 iZotope RX 11 和 UVR5。

8.1.1 iZotope RX 11——一款强大的音频编辑软件

iZotope RX 11 提供了许多音频处理工具，包括音频拆分功能。使用 RX 11 进行音频拆分，将人声、音乐和音响分开，可以按照以下步骤进行。

（1）在 RX 11 中打开需要拆分的音频文件。可以是任何类型的音频文件，如 MP3、WAV 等。

（2）RX 11 提供了多种工具来拆分音频，包括 Repair Assistant（频修复助手）、Dialogue Isolate（对话分离）、Music Rebalance（音频分离器）等，可以根据需求，选择适当的工具。

（3）在选择工具后，需要调整一些参数以获得最佳效果。例如，在频谱编辑器中，可以调整频率范围、增益等参数。

（4）音频分离器可将音频中的人声、音乐和音响分开。这个过程需要耐心，并进行不断尝试，以获得最佳效果。

（5）完成拆分后，保存结果。可以选择保存为新的音频文件，或者将拆分后的音频部分直接导出到 RX 11 的其他功能中进行进一步处理。

需要注意的是，音频拆分是一个复杂的过程，可能无法完全准确地分离所有人声、音乐和音响。此外，不同的音频文件可能需要不同的处理方法和参数设置。因此，在使用 RX 11 进行音频拆分时，建议仔细阅读相关文档和教程，并多次尝试以获得最佳效果。

8.1.2 UVR5

UVR5 主要用于从音频中分离出人声、伴奏以及其他元素。它采用了先进的源分离模型，能够有效地从复杂的音频混合中提取出清晰的人声和伴奏轨道，其特点和优势包括如下。

（1）UVR5 使用先进的算法，能够在不损失音质的情况下，精确分离出人声和伴奏。

用户可以在不改变原始音频质量的前提下，获得高质量的分离结果。

（2）UVR5 的用户界面设计简洁直观，用户即使没有任何音频处理经验，也能够轻松上手。同时，它还提供了详细的教程和指南，帮助用户更好地理解和使用这款工具。

（3）UVR5 支持多种常见的音频格式，如 MP3、WAV、AAC 等。用户可以轻松地将各种来源的音频文件导入 UVR5 中进行处理。

（4）UVR5 还支持批量处理功能，用户可以一次性导入多个音频文件进行处理，大大提高了工作效率。

（5）UVR5 不仅适用于音乐制作和混音领域，还可以用于电影、电视、广播等行业的音频后期处理。它可以帮助用户从复杂的音频混合中提取出需要的声音元素，提高音频的质量和可听性。

总的来说，UVR5 是一款功能强大、易于使用且适用范围广泛的音频处理工具。它可以帮助用户快速准确地分离出音频中的人声和伴奏，为音频制作和后期处理提供了极大的便利。

8.2 制订音频修复方案

8.2.1 文件素材导入 RX 11 对文件频谱进行参数分析，并制订修复计划

初次打开 RX 11 应用程序，可能会感觉到无从下手，因为看起来，它和人们平时所熟悉的音频制作软件不太相同。界面中间的巨大色谱，帮助用户完全专注于任何音频细节的处理，使用起来也相对简单，软件的右侧提供了丰富的工具。

如果想要在自己熟悉的软件中集成 RX 11 的工作流，可以在这些软件中加载 RX Connect 插件：Avid Pro Tools、Media Composer、Adobe Audition、Steinberg、Cubase、Nuendo。

将 RX 11 作为独立的音频软件来使用，其操作步骤如下。

（1）导入音频文件，在窗口单击 Open File 按钮加载需要修改的音频文件，如图 8-1 所示。

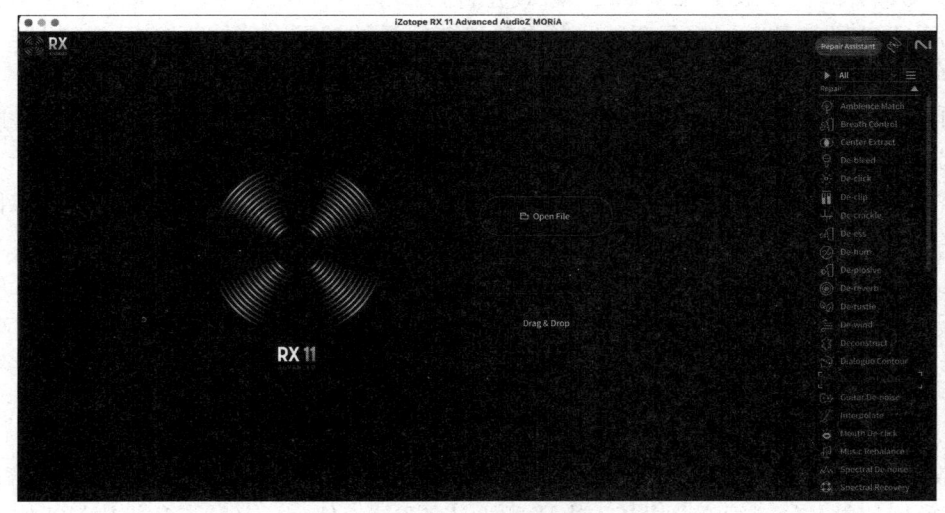

图 8-1　RX 11 界面（1）

（2）单击播放按钮，播放这段项目音频，审听项目音频文件复杂与否，并进行评估。

（3）在窗口右侧找到 Repair 子项中的 Dialogue Isolate，这是对话分离工具，RX 11 以其强大的算法可以分离人声、混响、噪声，如图 8-2 所示。

（4）同样在窗口右侧找到 Repair 子项中的 Music Rebalance（音乐再平衡），也可以将人声、低频音乐、鼓声及其他的声音进行分离，如图 8-3 所示。

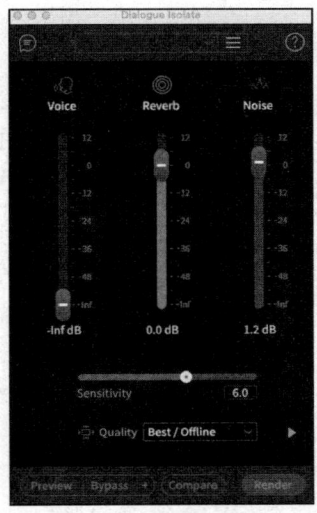
图 8-2　Dialogue Isolate 界面

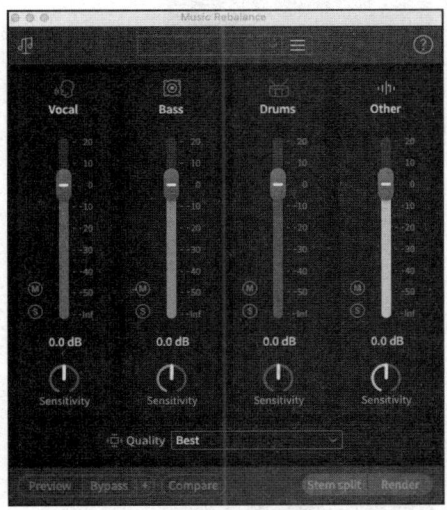
图 8-3　Music Rebalance 界面（1）

（5）以上两个插件任选其一，并调整好参数，单击右下角 Render 按钮即可渲染处理结果。

8.2.2　根据计划安排分别使用 RX 11 和 UVR5 导入素材文件

（1）使用 RX 11 处理音频文件，如图 8-4 所示。

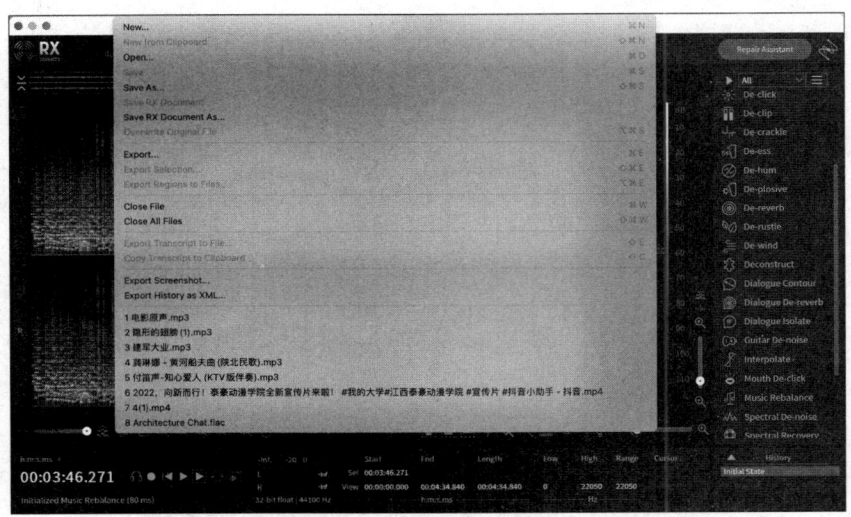
图 8-4　RX 11 界面（2）

在 File 中找到 Open 并导入相关的音频文件，导入音频素材之后在窗口右侧找到 Music Rebalance 命令，单击打开之后看到如图 8-5 所示的选项。

在 Repair 选项中找到 Music Rebalance 命令，然后单击弹出如图 8-6 所示界面。

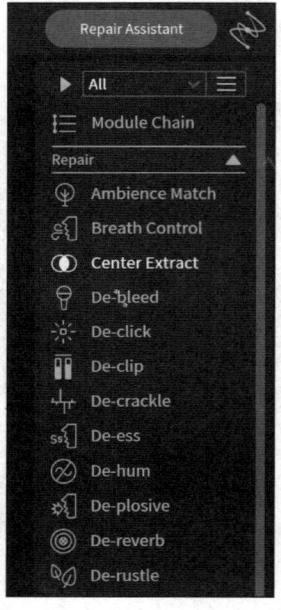
图 8-5　Music Rebalance 界面（2）

图 8-6　Music Rebalanc 界面（3）

根据需求保留相关的人声、低频声音、打击乐器以及其他声音，在 Quality（质量）选项中，选择 Best，设置好相关参数后，预听效果并保存样本文件。

（2）使用 UVR5 处理音频文件——导入素材。

UVR5 的启动界面，如图 8-7 所示。

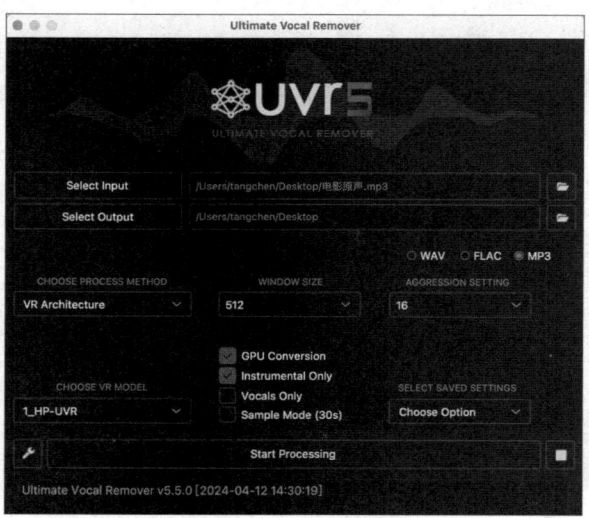
图 8-7　UVR5 启动界面

单击 Select Input 按钮，在弹出的文件夹中选中相关的文件。单击 Select Output 按钮选择导出文件夹位置。根据音频的类型选用相应的数据模型处理相关的音频文件。

调整好相关的系统参数，进行处理并保存结果。

UVR5 在所提供的每个模型都有不同的微调的算法，具体如下。

- 1_HP-UVR.pth：针对器乐（伴奏）的模型。
- 2_HP-UVR.pth：1_HP-UVR.pth 模型的一个微调版。
- 3_HP-Vocal-UVR.pth：强化了人声的提取，伴奏的声音可能会很混浊。
- 4_HP-Vocal-UVR.pth：这个模型也强化了人声的提取，比前一个模型更激进。

窗口大小与力度设置如下。

WINDOWS SIZE（窗口大小）：WINDOWS SIZE 越小，效果就越好。越小的 WINDOWS SIZE 意味着越长的转换时间和越大的资源占用。

以下是可选择的 WINDOWS SIZE 的值。

- 1024：低转换质量，最短的转换时间，低资源使用率。
- 512：平均转换质量，平均转换时间，正常资源使用率。
- 320：较好的转换质量，较长的转换时间，较高的资源使用率。

AGGRESSION SETTING（力度设置）：这个选项允许用户设置去除声音的力度，具体参数设置如下。

- 范围是 1~20。
- 值越大，就会进行越深度的提取。
- 数值过大可能会导致部分乐器变得模糊。

8.3 评价处理后的音频文件

首先，使用监听耳机、监听音箱等专业监听设备对处理后的音频文件进行对比。其次，通过软件中的频谱情况客观对比细节。

8.4 保存处理后的音频

根据以上软件处理能力的对比，得出最佳的拆分音频方案。将现有的人声、音乐拆分使用 UVR5 中的 MDX-UVR inst 模型或是 RX 11 Dialogue Isolate。在保留音响方面，原有音乐音响的基础上，使用 RX 11 进行拆分，在难以拆分的情况下使用橡皮擦工具擦除音响声音，可以在后期拟音与录音阶段重新拟音，在混音阶段再重新配上视频画面相关的音响。

任务 9

ProTools 软件基本设置与操作

任 务 表 单

学习性工作任务单 9

学习场	影视修复		
学习情境	ProTools 软件操作介绍		
学习任务	ProTools 基本设置与操作	学时	4 学时（160 分钟）
工作过程	分析工程方案→新建工程文件→声卡的设置→导入音频素材→快速编辑→编辑轨道建立 Group→保存工程文件		
学习目标	（1）了解 ProTools 的基本工作原理； （2）掌握 ProTools 软件声卡的设置； （3）掌握 ProTools 的编辑工具； （4）掌握轨道的删除与编组功能； （5）掌握音频文件的导出与工程保存		
任务描述	使用 ProTools 搭建音频工程		
学时安排	资讯 20 分钟　计划 10 分钟　决策 10 分钟　实施 80 分钟　检查 20 分钟　评价 20 分钟		
学生要求	（1）安装好软件； （2）课前做好预习； （3）把前期音频拆分项目修复方案实现； （4）分析案例中的音频文件		
参考资料	（1）素材包； （2）PPT 课件		

任务9　ProTools软件基本设置与操作

资讯单 9

学习场	影视修复		
学习情境	ProTools 软件操作介绍		
学习任务	ProTools 基本设置与操作	学时	20 分钟
工作过程	分析工程方案→新建工程文件→声卡的设置→导入音频素材→快速编辑→编辑轨道建立 Group→保存工程文件		
收集资讯	（1）教师讲解； （2）互联网查询； （3）学生交流； （4）企业项目标准		
资讯描述	根据相关素材，分析项目的标准要求，获取相关信息，搭建音频工程		
学生要求	（1）准备好学习用品及任务书； （2）课前做好预习； （3）动手使用 ProTools 搭建工程； （4）设置声卡及 I/O； （5）导入文件并对轨道内的文件重新命名； （6）保存音频文件和工程文件		
参考资料	（1）素材包； （2）"音频非标"课程； （3）PPT 课件		

笔　记

计划单 9

学习场	影视修复		
学习情境	ProTools 软件操作介绍		
学习任务	ProTools 基本设置与操作	学时	10 分钟
工作过程	分析工程方案→新建工程文件→声卡的设置→导入音频素材→快速编辑→编辑轨道建立 Group→保存工程文件		
计划制订	（1）学生分组讨论工作流程，确定方案； （2）音轨分组方式； （3）企业项目档期		

序 号	工作步骤	注意事项
1	新建工程文件	
2	设置系统参数	
3	导入视频素材	
4	导入音频素材	
5	新建轨道	
6	重命名轨道并建立编组	
7	编辑音频	
8	调整音量	
9	保存音频与工程文件	

	班 级		第____组	组长签字	
	教师签字		日 期		
计划评价	评语：				

笔 记

任务9 ProTools软件基本设置与操作

决策单 9

学习场	影视修复			
学习情境	ProTools 软件操作介绍			
学习任务	ProTools 基本设置与操作	学时	10 分钟	
工作过程	分析工程方案→新建工程文件→声卡的设置→导入音频素材→快速编辑→编辑轨道建立 Group →保存工程文件			

		计划对比		
序 号	计划的可行性	计划的经济性	计划的可操作性	计划的实施难度	综合评价
1					
2					
3					
4					
5					

	班 级		第___组	组长签字	
	教师签字		日 期		
决策评价	评语:				

笔 记

实施单 9

学习场	影视修复		
学习情境	ProTools 软件操作介绍		
学习任务	ProTools 基本设置与操作	学时	80 分钟
工作过程	分析工程方案→新建工程文件→声卡的设置→导入音频素材→快速编辑→编辑轨道建立 Group→保存工程文件		

序号	实施步骤	注意事项
1	新建一个工程文件	
2	调整软件与声卡的设置参数	声卡和软件的采样率需对应
3	导入视频素材	
4	导入音频素材	导入素材需注意格式转换与采样率匹配
5	新建轨道	新建轨道一定要注意声道问题
6	将音频素材与视频同步	
7	重命名轨道并建立编组	根据声音类型进行编组
8	根据声音素材调整音量大小	组内音量调整需要注意是否为单一进行
9	保存音频与工程文件	

实施说明
（1）新建工程文件。注意：工程文件的采样率需要与声卡采样率相一致；
（2）新建轨道，需注意选择声道类型；
（3）导入视频文件，一定要注意选择新建轨道和片段列表的差别，时间轴上一定要调整到 0；
（4）注意视频与声音的不同步问题，此外还要记得锁定片段时间

实施评价	班　　级		第___组		组长签字	
	教师签字		日　　期			
	评语：					

笔　记

任务9　ProTools软件基本设置与操作

检查单 9

学习场	影视修复			
学习情境	ProTools 软件操作介绍			
学习任务	ProTools 基本设置与操作	学时	20 分钟	
工作过程	分析工程方案→新建工程文件→声卡的设置→导入音频素材→快速编辑→编辑轨道建立 Group →保存工程文件			
序　号	检查项目	检查标准	学生自查	教师检查
1	资讯环节	ProTools 的编辑快捷键		
2	计划环节	根据分类快速搭建音轨		
3	实施环节	将同类别音块编组		
4	检查环节	逐一检查各个环节		
检查评价	班　　级		第___组	组长签字	
	教师签字		日　　期		
	评语：				

> **笔　记**

评价单 9

学习场	影视修复		
学习情境	ProTools 软件操作介绍		
学习任务	ProTools 基本设置与操作	学时	20 分钟
工作过程	分析工程方案→新建工程文件→声卡的设置→导入音频素材→快速编辑→编辑轨道建立 Group →保存工程文件		
评价项目	评价子项目	学生自评	组内评价	教师评价
---	---	---	---	---
资讯环节	（1）教师讲解； （2）互联网查询情况； （3）学生交流情况； （4）企业项目标准情况			
计划环节	（1）查询资料情况； （2）在企业项目档期内音频文件处理情况			
实施环节	（1）学习态度； （2）使用软件的熟练度情况； （3）把握声画对位情况			
最终结果	综合情况			

	班　　级		第___组	组长签字	
评　价	教师签字		日　　期		
	评语：				

笔　记

任务9　ProTools软件基本设置与操作

教学引导文设计单 9

学习场	影视修复	学习情境	ProTools 软件操作介绍		
		学习任务	ProTools 基本设置与操作		

普适性工作过程	典型工作过程				
	资讯	计划	决策	实施	检查	评价
分析音频文件类型	教师讲解	分组讨论	计划的可行性	素材文件分类	获取信息相关情况	评价学习态度
新建音频工程	教师讲解	查询资料	计划的可行性	使用素材文件	获取相关信息情况	评价学习态度
声卡与软件的设置	教师讲解、互联网查询	查询资料	计划的可操作性	根据虚拟声卡设置通道	检查声卡与I/O的设置情况	评价设置问题
导入视频及音频素材	教师讲解、互联网查询	查询资料	计划的可操作性	视频与音频导入的差异	检查参数	评价操作步骤的便捷性
快速编辑	教师讲解	移动音块音视频同步	计划的可操作性	对音频进行编辑	检查音画同步	评价操作时间
根据声音类型建立Group	教师讲解、根据声音脚本分类	批量处理	计划的实施难度	划组分类	检查音块分组情况	评价预估的计划方案
保存音频及工程文件	了解保存工程的类型	掌握音频导出方式	综合评价	保存音频文件及工程	检查工程的存储位置	工程搭建情况

笔　记

教学反馈单（学生反馈）9

学习场	影视修复		
学习情境	ProTools 软件操作介绍		
学习任务	ProTools 基本设置与操作	学时	4学时（160分钟）
工作过程	分析工程方案→新建工程文件→声卡的设置→导入音频素材→快速编辑→编辑轨道建立 Group →保存工程文件		
调查项目	序号	调查内容	理由描述
	1	资讯环节	
	2	计划环节	
	3	实施环节	
	4	检查环节	

您对本次课程教学的改进意见：

调查信息	被调查人姓名		调查日期	

笔记

任务9 ProTools软件基本设置与操作

分组单 9

学习场	影视修复			
学习情境	ProTools 软件操作介绍			
学习任务	ProTools 基本设置与操作	学时	4学时（160分钟）	
工作过程	分析工程方案→新建工程文件→声卡的设置→导入音频素材→快速编辑→编辑轨道建立 Group →保存工程文件			
分组情况	组别	组长	组员	
	1			
	2			
	3			
	4			
	5			
	6			
	7			
分组说明				
班　　级		教师签字	日　　期	

笔 记

教师实施计划单 9

学习场	影视修复			
学习情境	ProTools 软件操作介绍			
学习任务	ProTools 基本设置与操作	学时	4学时（160分钟）	
工作过程	分析工程方案→新建工程文件→声卡的设置→导入音频素材→快速编辑→编辑轨道建立 Group→保存工程文件			
序号	工作与学习步骤	学时	使用工具	地点	方式	备注
1	资讯情况	20分钟	互联网			
2	计划情况	10分钟	PPT			
3	决策情况	10分钟	XMIND			
4	实施情况	80分钟	ProTools			
5	检查情况	20分钟	ProTools			
6	评价情况	20分钟	ProTools			
班级		教师签字		日期	

笔记

任务9　ProTools软件基本设置与操作

成绩报告单9

_____班级_____姓名_____学习场（课程）成绩报告单

学习场	影视修复			
学习情境	ProTools 软件操作介绍			
学习任务	ProTools 基本设置与操作		学时	4学时（160分钟）
评分项	自评	小组评	教师评	企业导师评
资讯				
计划				
决策				
实施				
检查				

笔　记

理 论 指 导

ProTools 是一个全功能的音频编辑和混音平台，提供了丰富的工具和功能，适用于专业音乐制作、电影制作、电视广播以及其他媒体制作领域。ProTools 具有实时多轨录制功能，允许用户在一个项目中同时录制多个音轨以便后续处理。随着时间的推移，ProTools 逐渐获得了全球各地的专业音频工作者的认可，并成为音频后期制作行业的主流软件。该软件通过不断创新和改进，已经打造成了市场上最强大、最稳定的音频处理软件之一。

9.1 ProTools 工作站设置介绍

成功完成安装 ProTools 软件之后，双击图标，启动软件，屏幕中间将出现加载界面。启动后程序会进行自检，并弹出如图 9-1 所示的创建工程面板。

选择"新建"选项卡，单击"本地存储"单选按钮，将项目工程文件命名为"新儿女英雄传"，在下方文件类型中，根据使用的系统，选择相应的类型，Mac 系统选择 Aiff 格式，Windows 系统选择 WAV。这里的"采样率"要根据声卡的采样率来确定，切不可与声卡设置不统一，否则可能会出现音频声音变调的情况，如图 9-2 所示。

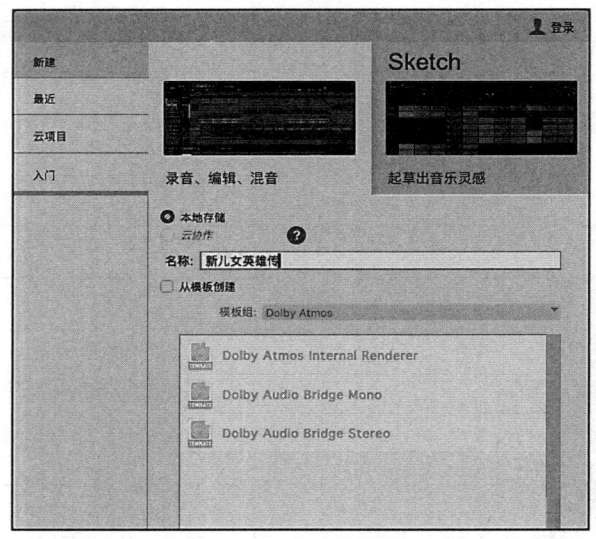

图 9-1 创建工程面板（1）

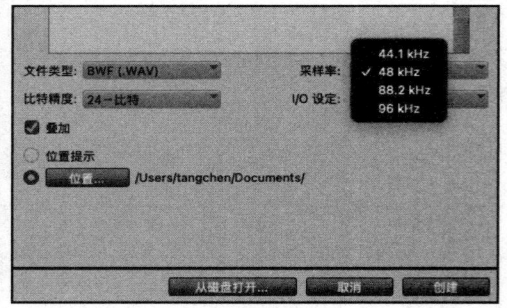

图 9-2 创建工程面板（2）

9.2 ProTools 编辑器的基本操作

在 Mac 系统使用快捷键 Shift+Option+Command+I 导入一段电影视频，或者在 Windows 系统下使用快捷键 Shift+Win+Alt+I 可以弹出导入视频的窗口，如图 9-3 所示。在选择要导入的电影视频之后，单击右下角"打开"按钮，会弹出另外一个界面，如图 9-4

任务9　ProTools软件基本设置与操作

所示。这里选择"新轨道"单选按钮，"位置"为"工程起点"。后期合并多个项目工程文件时，也可以在下拉选项中，选择"选区"或"定点"等，如图9-5所示。单击"确认"按钮，ProTools会将素材文件转换格式之后保存在工程文件夹内，单击即可打开。

图 9-3　导入视频界面

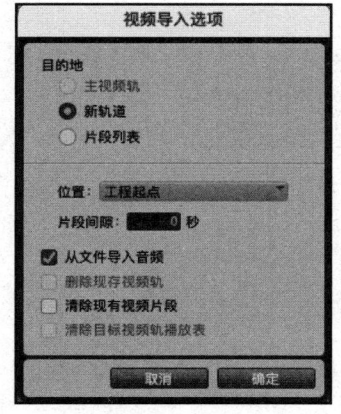　　　　　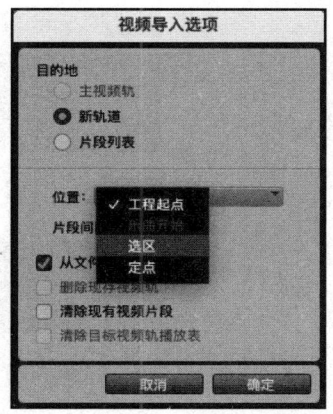

图 9-4　"视频导入选项"界面（1）　　　　图 9-5　"视频导入选项"界面（2）

当素材文件导入之后，视频和音频文件轨道已经在编辑窗口中。如果在导入视频文件之前已经新建了工程文件，只是想要调整轨道的位置，可以在轨道的最前方位置左击，并拖动到想要移动的位置。

9.2.1　了解 ProTools 功能区

ProTools 新建工程之后，在编辑界面左侧呈现的是新建轨道，下方是组群（见图9-6和图9-7），在编辑界面的正上方，是软件功能编辑区，这里有 ProTools 的菜单栏和工具栏。菜单栏包括 ProTools、文件（导入、导出、工程设置等）、编辑（文件的编辑功能）、查看（显示相关的参数）、轨道（针对轨道的编辑）、片段（对音频片段的编辑）、事件（针对时间、速度、音乐制作等的编辑）、AudioSuite（相关音频插件的查找与调用）、选项、设置、窗口（调出显示的窗口）、帮助等，如图9-8所示。

图9-9显示的是工具栏，其中既有编辑区域（见图9-10），又有显示区域（见图9-11），此外，还有控制区域（见图9-12），以及电平信号区域（见图9-13）。

图 9-6 编辑界面轨道

图 9-7 编辑界面组群

图 9-8 菜单栏

图 9-9 工具栏（1）

图 9-10 工具栏编辑区域

图 9-11 工具栏显示区域

图 9-12 工具栏控制区域

图 9-13 工具栏电平信号区域

在编辑界面的正中央是轨道编辑区域（见图 9-14），轨道编辑区域的功能显示与设置可以根据自己的需要进行调整，如图 9-15 所示，可以单击轨道上方下拉菜单中的选项，添加需要的功能（见图 9-16）；图 9-14 所示第 1 列为轨道设置区，可以对轨道重命名、调整相关的设置，如录音、监听、独奏、静音等（见图 9-17），通过音量自动化调整轨道的音量；可以通过图 9-14 所示的第 2 列"注释"对轨道进行备注。

图 9-14 所示的第 3 列"插入 A-E"是指可以插入的音频效果插件，这里设置了可插入 5 个音频效果器；图 9-14 所示的第 5 列则是 I/O 的设置，这里可以对每个轨道内的 I/O 单独设置；图 9-14 所示的第 6 列是音频轨道。

在编辑区的右侧可以看到片段区，所有导入、被剪辑后的音频都可以在这里找到。在导入音频时可以以片段或者新轨道（新建一个轨道）呈现。如果不新建轨道，那么音频素材将在片段中可以被找到（见图 9-18）。

任务9 ProTools软件基本设置与操作

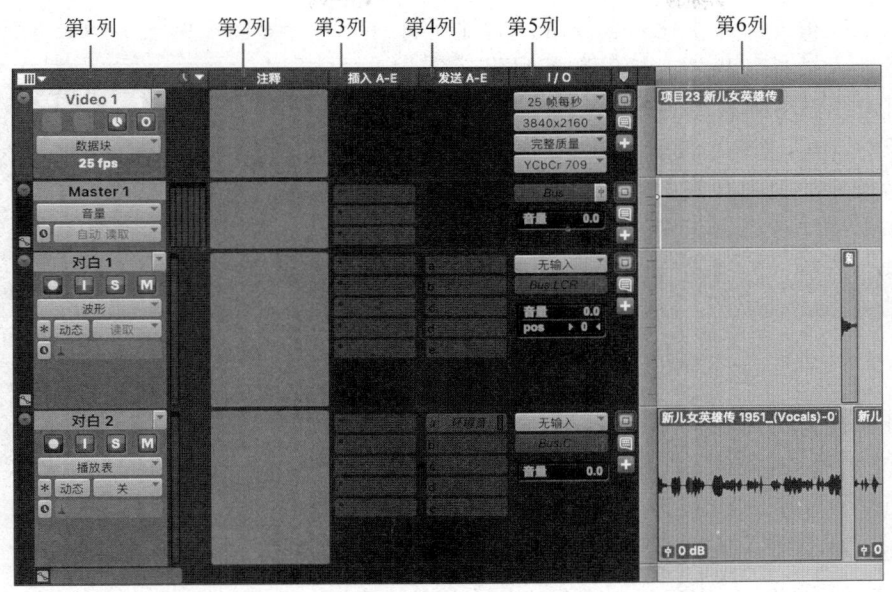

图 9-14 编辑界面

图 9-15 轨道编辑界面

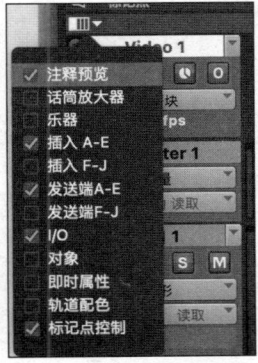

图 9-16 填加功能界面

图 9-17 轨道设置区

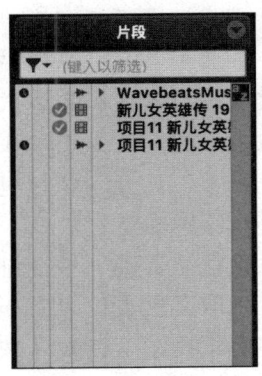

图 9-18 片段区

如果把编辑界面最小化后会发现，后面还有一个混音界面（见图9-19），该界面的主要功能是导入插件效果器，把音频信号发送到相应的轨道或输出到其他的I/O（信号监听）中，包括声像的调整、监听、激活录音、独奏、静音，以及最为重要的轨道音量的调整。这里是电影修复工作中添加效果器、发送信号、调整I/O、调整声像、监听、激活录音、独奏、静音、调整音量等的重要界面。

9.2.2　编辑音频文件

在编辑音频轨道中，不仅可以调整音频摆放的位置，还有剪切、复制、粘贴、静音等功能。接下来进行一一介绍。

图 9-19　混音界面

1. 拖入音频至轨道

从上面的介绍中可以得知，素材音频文件都在界面的右侧片段中，可以从右侧的片段中找到想要的音频素材。单击选择之后，拖入相应的轨道中，并可以调整摆放的时间。

2. 工具栏介绍

将音频移动到轨道之后，想要再调整音频的摆放位置就需要先设置好工具，再来调整。首先，需要将编辑界面上方工具栏中的模块点亮。从图9-20中可以看到，只有一个图标被点亮，这时可以调整轨道内的音频位置。

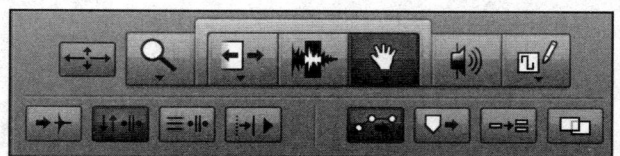

图 9-20　工具栏（2）

这一部分的工具介绍如下。

（1）缩放切换工具，单击之后会发现所选轨道会变大变小。

（2）缩放工具（快捷键F5），长按下拉之后有正常缩放和单步缩放可选。正常缩放就是该功能一直处在被激活状态，可以一直单击放大；如果切换到单步缩放，激活之后只能单击放大一次。

（3）修整工具（快捷键F6，多次单击可切换），单击之后可以通过选中文件的位置，对文件进行编辑修整。

（4）选取工具（快捷键F7），可以在音轨的任意一个位置选择一段音频。

（5）抓取工具（快捷键F8），同样，选中之后可以调整音块的位置。

（6）有声搜索工具（快捷键F9），这个功能主要用来监听。选用此功能后，单击任一轨的音频，拖动之后可以监听到相关轨道的声音。

（7）铅笔工具 ，在长按之后会发现铅笔工具有很多种绘画的模型，大家可以根据需要自行选择。

如果在反复单击中操作起来觉得复杂，也可以单击修整、选取、抓取工具上面的方框或者同时按住 F5、F6 键，这样可以直接选中三者，操作起来会十分方便。

3. 音频文件编辑

在调整好音频轨道之后，可以对音频文件进行编辑。除了利用上述介绍的工具栏中的工具进行编辑之外，还可以使用剪切工具将音频文件切割，可以在菜单栏中选择"编辑"→"分割片段"命令，当然这时也可以利用快捷键 Command+E（Mac 系统）或者快捷键 Win+E（Windows 系统），进行快速剪切。

9.3 建立轨道编组——Group

建立轨道编组的主要目的是当有诸多轨道时，刚好这些轨道又有共同的特点，想让它们同时进行编辑，这时编组就显得十分必要了。

用户可以在左侧的轨道中，选择编组的轨道，使用快捷键 Command+G（Mac 系统）或者快捷键 Ctrl+G（Windows 系统），这时会弹出"创建组"窗口，可以修改分组的"名字"和"种类"，通常选择"混音/编辑"，以及是否还有想添加进来的轨道，如图 9-21 所示，单击"确定"按钮。这时被选中的编组就可以一起被控制。例如，单击静音，编组内的组员将会被同时静音。这样，监听、录音、声像、音量等功能都将同时被调整，对于后期在混音和母带处理时十分有帮助。如果想要单独控制编组中的某一轨道，可以使用鼠标的右键，进行单独控制。

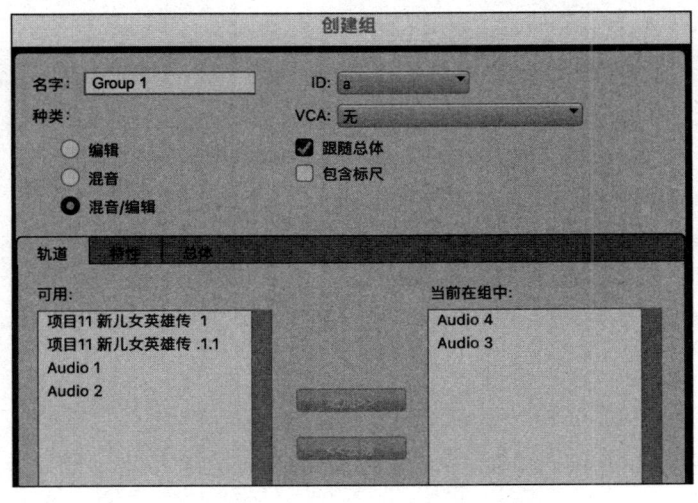

图 9-21 "创建组"窗口

9.4 保存音频

当设置好 I/O，导入视频与音频文件，调整好音频的位置和音量的大小，剪辑完不需要的部分，想要保存这个工程文件的时候，可以在菜单栏中选择"文件"→"保存工程"

命令，或者使用快捷键 Command+S（Mac 系统）或快捷键 Ctrl+S（Windows 系统），保存完成之后就可以关闭工程文件。

如果已经编辑完所有的声音文件，可以导出声音文件。但切记在 ProTools 中，导出编辑好的声音文件不是单击"导出"按钮，而是"并轨混音"按钮，在弹出的界面中（见图 9-22），可以修改文件名，调整文件类型（是 WAV 还是 MP3）；在"音频"选项中，可以选择压缩类型；单击"并轨"按钮，这样就能导出编辑好的音频文件。

接下来选择"采样率转换选项"，在"音频媒体选项"中调整所需要的文件格式等，如图 9-23 所示。

当完成一部电影音频修复这样庞大的工程时，一般会将工程分成若干个小项目来完成，最终再汇总在一起。

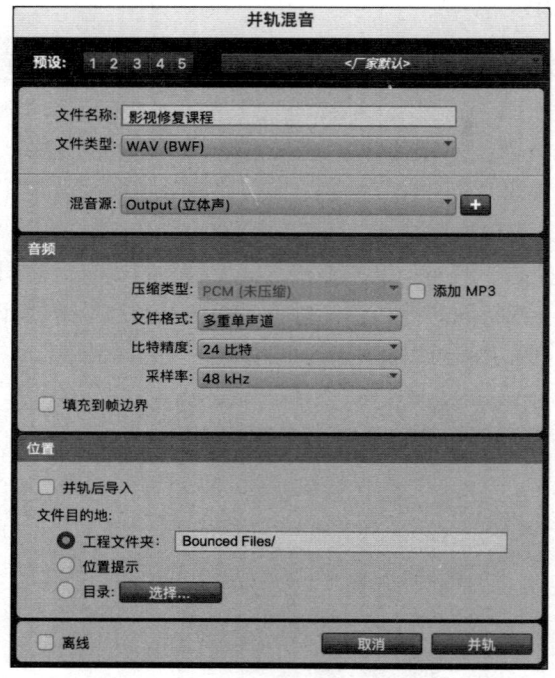

图 9-22　"并轨混音"界面

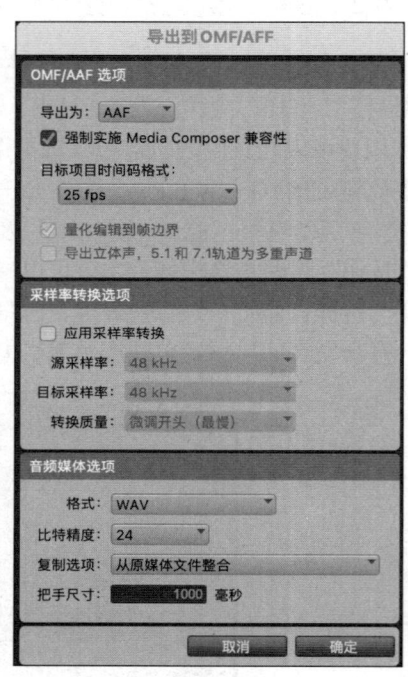

图 9-23　"导出到 OMF/AFF"界面

任务 10

修 复 音 频

任 务 表 单

学习性工作任务单 10

学习场	影视修复				
学习情境	使用 RX 11 消除电影中的噪声；使用 AI 算法提升音质				
学习任务	修复音频		学时	4 学时（160 分钟）	
工作过程	分析电影音频→设计修复步骤→分离噪声→消底噪→除杂音→使用 AI 算法提升音质				
学习目标	（1）了解 ProTools 中插件的使用； （2）掌握 iZotope RX 11 人声音频编辑工具； （3）掌握在 ProTools 的轨道中使用 RX Spectral Editor； （4）掌握反向选择技巧降噪； （5）学会分析案例中的音频文件				
任务描述	使用 iZotope RX 11 人声音频编辑工具修复电影音频				
学时安排	资讯 20 分钟	计划 10 分钟	决策 10 分钟	实施 100 分钟	检查 10 分钟	评价 10 分钟
学生要求	（1）安装好 iZotope RX 11 软件； （2）课前做好预习； （3）审听前期拆分后的音频文件				
参考资料	（1）素材包； （2）PPT 课件； （3）"音频非编"课程				

资讯单 10

学习场	影视修复		
学习情境	使用 RX 11 消除电影中的噪声；使用 AI 算法提升音质		
学习任务	修复电影《新儿女英雄传》音频片段	学时	20 分钟
工作过程	分析电影音频→设计修复步骤→分离噪声→消底噪→除杂音→使用 AI 算法提升音质		
收集资讯	（1）教师讲解； （2）互联网查询； （3）学生交流； （4）企业项目标准		
资讯描述	根据相关素材，分析项目的标准要求，获取相关信息，制订修复计划		
学生要求	（1）准备好学习用品及任务书； （2）课前了解相关音频修复的知识； （3）掌握 RX 11 软件的基本功能； （4）规划音频修复的步骤； （5）根据视频内容，记录修复脚本； （6）按计划步骤完成修复工作		
参考资料	（1）素材包； （2）PPT 课件； （3）"音频非编"课程		

笔 记

计划单 10

学习场	影视修复		
学习情境	使用 RX 11 消除电影中的噪声；使用 AI 算法提升音质		
学习任务	修复电影《新儿女英雄传》音频片段	学时	10 分钟
工作过程	分析电影音频→设计修复步骤→分离噪声→消底噪→除杂音→使用 AI 算法提升音质		
计划制订	（1）通过审片讨论修复内容及步骤方案； （2）修复计划的可行性（分段式修复单人、多人语音）； （3）执行操作步骤； （4）对修复后的音频文件进行评价		

序号	工作步骤	注意事项
1	使用 RX 11 导入素材文件	
2	选择修复的音频内容（单人或多人语音）	单人与多人语音修复的采样方式会有差异
3	分析音频内存在的音频问题	归类总结并记录下来
4	选择 Dialogue Isolate 工具进行人声分离	
5	调整好相关的参数进行预听	通过预听参数对比，评价最适合的参数
6	使用 Spectral De-noise 工具	设置参数的过程中一定需要进行精细调整，降噪过量，损毁的人声音质就越多
7	调整好相关的参数进行预听	只听降噪的信号
8	根据主观评价和频谱找到其他的杂音	通过看与听找到噪音的位置
9	使用魔法棒选择工具	选中噪声后可以单独删除
10	音质修复 RX 11 通过 Spectral Recovery	调整好所需要修复增强的频段
11	通过大语言模型进行修复	通过网站上的插件工具修复音频
12	修复后进行评价	

	班 级		第___组	组长签字	
	教师签字		日 期		
计划评价	评语：				

笔 记

决策单 10

学习场	影视修复			
学习情境	使用 RX 11 消除电影中的噪声；使用 AI 算法提升音质			
学习任务	修复电影《新儿女英雄传》音频片段	学时		10 分钟
工作过程	分析电影音频→设计修复步骤→分离噪声→消底噪→除杂音→使用 AI 算法提升音质			

计划对比

序 号	计划的可行性	计划的经济性	计划的可操作性	计划的实施难度	综合评价
1					
2					
3					
4					
5					

	班 级		第___组	组长签字	
	教师签字		日 期		
决策评价	评语：				

笔 记

任务10　修复音频

实施单 10

学习场	影视修复		
学习情境	使用 RX 11 消除电影中的噪声；使用 AI 算法提升音质		
学习任务	修复电影《新儿女英雄传》音频片段	学时	100 分钟
工作过程	分析电影音频→设计修复步骤→分离噪声→消底噪→除杂音→使用 AI 算法提升音质		
序　号	实施步骤	注意事项	
1	使用 RX 11 导入素材文件		
2	选择修复的音频文件类型	单人独白还是多人对话	
3	分析音频内存在的音频问题	存在哪些音质上的问题，进行归纳	
4	使用 Dialogue Isolate 工具	调整好参数	
5	视觉与听觉上的评价	频谱与听觉上记录，有无损毁音质	
6	使用 Spectral De-noise 工具		
7	调整好相关的参数进行预听	只听降噪的信号	
8	根据主观评价和频谱找到其他的杂音	通过看与听找到噪音的位置	
9	使用魔法棒选择工具	选中噪声后可以单独删除	
10	光谱音频缺频修复工作		
11	AI 人声增强工具	AI 处理完成后注意审听	
12	修复后进行评价		
实施说明	（1）方案没有唯一性，可以根据自己的步骤来完成修复工作，也可以先使用 Spectral De-noise 工具降噪，选择的目的是哪种方案处理的效果好，对音质损伤小； （2）注重修复前后的对比，这些必须加以观察和训练； （3）使用魔法棒工具只能针对不是特别典型的，没有办法采集的，单一的较少的噪声样本； （4）处理完成后需要对音频文件前后进行比对，并做好记录		
实施评价	班　级		第＿＿＿组	组长签字	
	教师签字		日　期		
	评语：				

笔　记

检查单 10

学习场	影视修复			
学习情境	使用 RX 11 消除电影中的噪声；使用 AI 算法提升音质			
学习任务	修复电影《新儿女英雄传》音频片段	学时	10 分钟	
工作过程	分析电影音频→设计修复步骤→分离噪声→消底噪→除杂音→使用 AI 算法提升音质			
序　号	检查项目	检查标准	学生自查	教师检查
1	资讯环节	处理工具的特性		
2	计划环节	明确修复内容和步骤		
3	实施环节	修复《新儿女英雄传》电影音频的片段		
4	检查环节	逐一检查各个环节		
检查评价	班　级		第___组	组长签字	
	教师签字		日　期		
	评语：				

笔　记

评价单 10

学习场	影视修复			
学习情境	使用 RX 11 消除电影中的噪声；使用 AI 算法提升音质			
学习任务	修复电影《新儿女英雄传》音频片段	学时		10 分钟
工作过程	分析电影音频→设计修复步骤→分离噪声→消底噪→除杂音→使用 AI 算法提升音质			
评价项目	评价子项目	学生自评	组内评价	教师评价
资讯环节	（1）讲师讲解； （2）互联网查询； （3）学生交流情况； （4）企业项目标准情况			
计划环节	（1）查询资料情况； （2）根据讨论结果，完成音频修复任务			
实施环节	（1）操作步骤； （2）软件使用的情况； （3）频谱与音质的主观评价			
最终结果	综合情况			
评价	班　级　　　　　　　　第___组　　组长签字 教师签字　　　　　　　日　期 评语：			

笔 记

教学引导文设计单 10

学习场	影视修复	学习情境	使用 RX 11 消除电影中的噪声；使用 AI 算法提升音质			
		学习任务	修复电影《新儿女英雄传》音频片段			
普适性工作过程	典型工作过程					
	资讯	计划	决策	实施	检查	评价
分析电影音频	教师讲解	分组讨论	计划的可行性	播放音频文件	获取信息相关情况	评价音频文件问题
设计修复步骤	教师讲解、互联网查询	互联网查询、分组讨论	计划的可行性、经济性	画出思维导图	相关步骤是否存在问题	评价设计修复结果
分离噪声	教师讲解、互联网查询	互联网查询、分组讨论	计划的预期效果	使用 RX 11	视觉频谱与音频质量	修复后主观评价
消底噪	教师讲解、互联网查询	互联网查询、分组讨论	计划的预期效果	使用 RX 11	视觉频谱与音频质量	修复后主观评价
除杂音	教师讲解、互联网查询	互联网查询、分组讨论	计划的预期效果	使用 RX 11	视觉频谱与音频质量	修复后主观评价
使用 AI 算法提升音质	教师讲解、互联网查询	互联网查询、分组讨论	计划的预期效果	使用 RX11 或数字音频大模型	视觉频谱与音频质量	修复后主观评价
修复后评价	学生及教师评价	分组讨论评价	与修复前对比	监听音箱、监听耳机	有无修复的漏洞	修复后主观评价

笔 记

教学反馈单（学生反馈）10

学习场	影视修复		
学习情境	使用 RX 11 消除电影中的噪声；使用 AI 算法提升音质		
学习任务	修复电影《新儿女英雄传》音频片段	学时	4 学时（160 分钟）
工作过程	分析电影音频→设计修复步骤→分离噪声→消底噪→除杂音→使用 AI 算法提升音质		
调查项目	序号	调查内容	理由描述
	1	资讯环节	
	2	计划环节	
	3	实施环节	
	4	检查环节	

您对本次课程教学的改进意见：

调查信息	被调查人姓名		调查日期	

笔记

分组单 10

学习场	影视修复			
学习情境	使用 RX 11 消除电影中的噪声；使用 AI 算法提升音质			
学习任务	修复电影《新儿女英雄传》音频片段	学时	4学时（160分钟）	
工作过程	分析电影音频→设计修复步骤→分离噪声→消底噪→除杂音→使用 AI 算法提升音质			
分组情况	组别	组长	组员	
	1			
	2			
	3			
	4			
	5			
	6			
	7			
分组说明				
班　级		教师签字		日　期

笔 记

教师实施计划单 10

学习场	影视修复				
学习情境	使用 RX 11 消除电影中的噪声；使用 AI 算法提升音质				
学习任务	修复电影《新儿女英雄传》音频片段		学时	4 学时（160 分钟）	
工作过程	分析电影音频→设计修复步骤→分离噪声→消底噪→除杂音→使用 AI 算法提升音质				
序 号	工作与学习步骤	学时	使用工具	地点	方式	备注
1	资讯情况	20 分钟	互联网			
2	计划情况	10 分钟	计算机			
3	决策情况	10 分钟	RX 11			
4	实施情况	100 分钟	RX 11			
5	检查情况	10 分钟	RX 11			
6	评价情况	10 分钟	音箱、耳机			
班　级		教师签字		日　　期		

笔 记

成绩报告单 10

_____班级_____姓名_____学习场（课程）成绩报告单

学习场	影视修复			
学习情境	使用 RX 11 消除电影中的噪声、咔嗒声；使用 AI 算法提升音质			
学习任务	修复电影《新儿女英雄传》音频片段	学时	4学时（180分钟）	
评分项	自评	小组评	教师评	企业导师评
资讯				
计划				
决策				
实施				
检查				

笔 记

理 论 指 导

影视声音修复是电影与电视后期制作中至关重要的环节，它不仅关乎观众的听觉体验，更是文化遗产保护与传承的重要手段。随着技术的不断进步和观众对高质量观影体验需求的增长，影视声音修复领域正经历着显著的变化与发展。

传统上，声音修复需要经历从音频采集、清理噪声、调整电平、修复失真到最终混音等多个复杂步骤。而现在，通过引入自动化工具和模块化工作流程，这些步骤可以更加高效地协同作业。

10.1　制订音频修复方案

10.1.1　制订人声的修复方案

电影《新儿女英雄传》人声的修复工作需要一系列精细的步骤，以确保音频质量得到提升，并尽可能还原原始的音质。从人声的修复工作角度出发，下面将从八方面开始展开，修复路径、噪声分离、消除底噪、擦除杂音、提升音质。

本项目在修复的工作中使用iZotope RX 11，以下是根据音质主观评价之后定制的人声修复工作的详细流程。

1. 音频分析

导入音频到 iZotope RX 11 中。

使用频谱分析功能观察音频的频率分布，找出需要修复的问题区域，如噪声、失真、底噪等。

评估原始音频的整体质量和人声特点，以便制订合适的修复策略。

2. 修复路径规划

根据音频分析的结果，制订一个详细的修复路径。确定需要使用 iZotope RX 11 中哪些具体的工具和算法，如降噪、均衡、修复助手等。设定修复步骤的先后顺序和参数调整范围。

3. 噪声分离

使用 iZotope RX 11 的噪声分离工具来识别并分离出背景噪声。可以通过采样噪声样本，然后应用噪声消除算法来减少或去除背景噪声。

4. 消除底噪

针对低频噪声（如磁带底噪或电子设备产生的嗡嗡声），使用专门的底噪消除工具。通过调整参数来优化底噪消除效果，同时保持人声的自然和清晰。

5. 擦除杂音

杂音可能包括突发性的噪声、噼啪声、爆音等。

使用 iZotope RX 11 的杂音消除工具来定位并去除这些杂音。

可以手动选择杂音片段进行修复，也可以使用自动杂音消除功能进行批量处理。

6. 提升音质

在消除噪声和杂音后，使用均衡器、动态处理、立体声增强等工具来提升人声的音质。

根据人声特点，调整音频的频响曲线，增强需要突出的频段，同时抑制不必要的频段。使用动态处理工具来平衡人声的音量和动态范围，使其更加稳定和悦耳。如果音频是单声道的，可以考虑使用立体声增强工具来模拟立体声效果，增加音频的空间感和深度。

7. 监听与调整

在整个修复过程中，不断使用监听耳机或音响系统来监听修复效果。根据监听结果调整修复参数和工具的使用方式，以达到最佳的修复效果。

8. 导出与备份

在完成修复后，将修复后的音频导出为常见的音频格式，如 WAV、MP3 等。同时备份原始音频和修复过程中的中间文件，以便后续参考或重新编辑。

10.1.2　制订音乐与音响的修复方案

同理，在音乐与音响的修复工作中，也可以根据人声修复工作中的方案来制订音乐与音响的修复步骤，但情况略有不同，一部分的音响效果因为胶片保存的缘故，声音质量明显下降，甚至不能听清楚原始的音色和传递相应的信息，所以这类型的音响，用户需要做出选择，是否将其保留或者把它当作噪声一并处理掉。处理完成后，需要在修复手册表格上记录下修复的相关信息，以备后续在拟音环节中补充相关的信息。

1. 音频分析

导入电影中的音乐与音效片段到 iZotope RX 11 中。使用频谱分析功能观察音频的频率分布，找出需要修复的问题区域，如噪声、失真、底噪以及不能使用的音响等。

另外，分析音乐与音效的特点，如音调是否准确、动态表现是否较弱、音乐与音效之间是否平衡等，为修复提供指导。

2. 修复路径规划

根据音频分析的结果，制订一个详细的修复路径。识别音乐与音效中的不同元素，并决定如何分别或综合地处理它们。例如，夹杂在音乐中的音效，本身声音变得不清晰，如果在降噪的过程中，处理的力度再大一点可能会变得更不清晰，所以这时就需要判断，是保留原始音效，还是将其删除，日后再进行拟音补录。另外，修复过程中 iZotope RX 11 具体的操作步骤和相关参数，需要分别细心调整，如降噪、均衡、修复助手等。

3. 噪声分离

使用 iZotope RX 11 的噪声分离工具来识别并分离出背景噪声。采样噪声样本，然后应用噪声消除算法减少或去除背景噪声。根据噪声的特点和位置，可能需要多次应用噪声分离工具。

4. 消除底噪

针对低频噪音（如磁带底噪或电子设备产生的嗡嗡声），使用底噪消除工具。精细调整底噪消除工具的参数，以去除底噪而不影响音频的其他部分。

5. 擦除杂音

对于突发性的噪声、噼啪声或爆音等杂音，使用擦除工具进行定位并去除。可以通过手动选择杂音片段或使用自动检测功能来识别杂音。应用修复算法来平滑或替换被杂音影响的音频部分。

6. 提升音质

在消除噪声和杂音后，使用均衡器来调整音乐的频率平衡。加强音乐的某些频段以突出乐器或人声的特点。使用动态处理工具来平衡音量和动态范围，确保音效的清晰度和冲击力。如果需要，可以使用立体声增强工具来模拟或增强立体声效果。

7. 修复细节处理

修复过程中可能会出现失真或音色变化。使用 iZotope RX 11 的修复助手等工具来处理微小的细节问题，对特殊音效（如回声、混响等）进行精细调整，以恢复其原始效果。

8. 监听与调整

在整个修复过程中，使用监听耳机或音响系统来仔细监听修复效果。根据监听结果调整修复参数和工具的使用方式。反复比较原始音频和修复后的音频，确保修复效果符合预期。

9. 导出与备份

完成修复后，将修复后的音乐与音效导出为与原始音频匹配的格式。确保音频质量在导出过程中不受损失。备份原始音频和修复过程中的中间文件，以便后续参考或重新编辑。

10.2 使用 RX 11 分离噪声

导入该项目音频文件，先观察频谱，发现该音频在低频部分出现较多的黄色底噪声。从图 10-1 和图 10-2 可以看出，噪声主要分布在 170Hz、100Hz 以及 50Hz 附近。这时可以考虑使用 Dialogue Isolate（对话隔离）模块、Spectral De-noise（频谱降噪）模块或者修复助手等工具。尝试使用不同的修复手法，并评价哪一种效果更好。

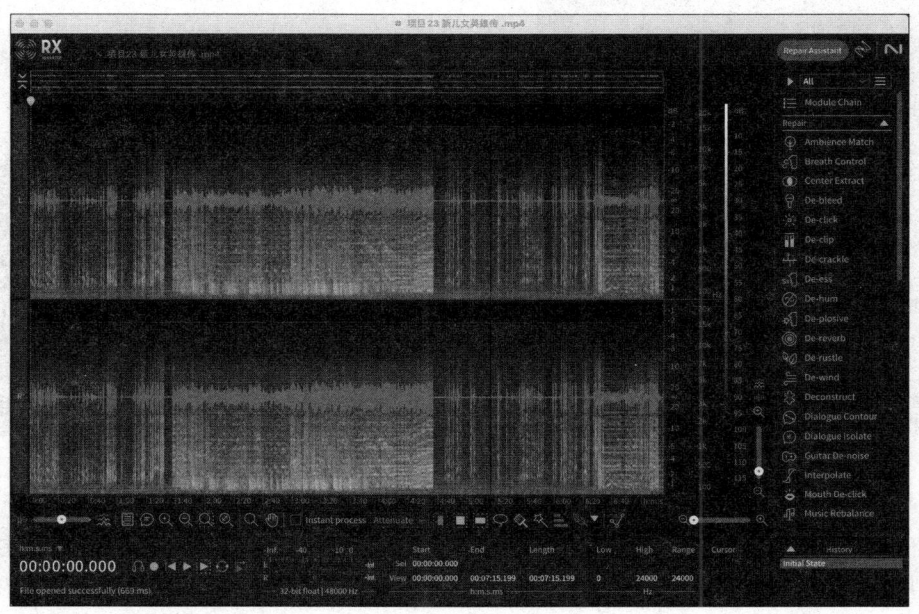

图 10-1　频谱图（1）

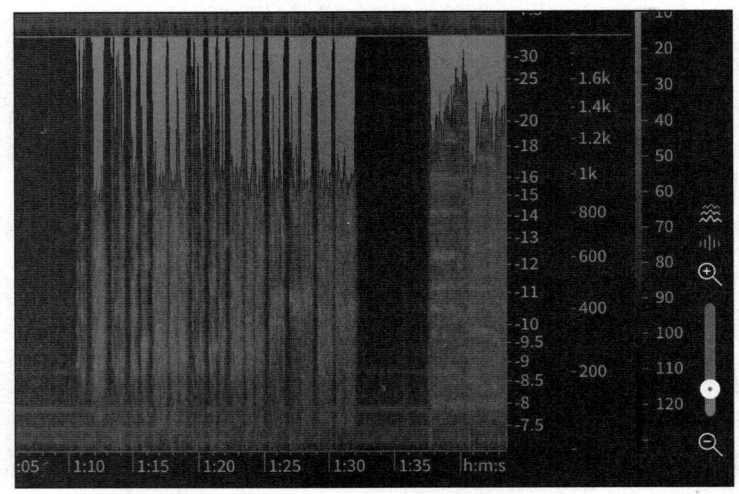

图 10-2　频谱放大

在本任务中的修复音频片段里，3min 的音频先选取一段人声对话的部分进行降噪。首先使用的是 Dialogue Isolate（对话隔离），如图 10-3 所示，对其中的人声进行单独处理。

该模块中提供了多种预制参数，如图 10-4 所示，可以根据需要进行调整，或者按照需要手动调整。

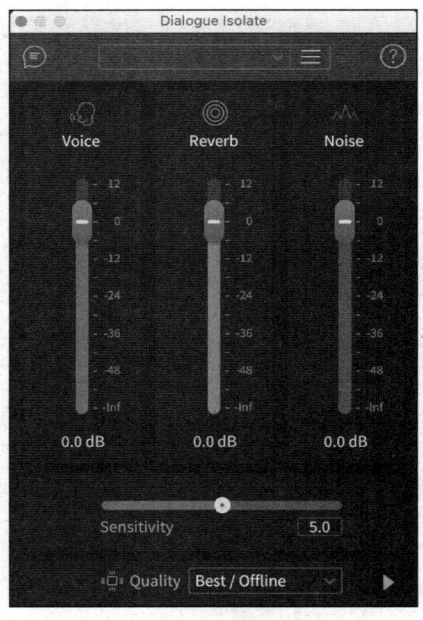

图 10-3　对话隔离模块

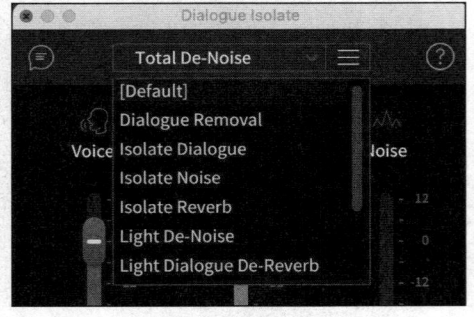

图 10-4　参数调整

调整好相关的参数：Voice（人声）不调整，Reverb（混响）调整为 –∞（拉到底），Noise（噪声）调整为 –∞（拉到底），如图 10-5 所示。Sensitivity（灵敏度）保持原来数值

5，将 Quality（质量）参数调整为 Best/Offline（最好 / 离线），如图 10-6 所示。调整好之后，再使用 Preview（审听）功能对该段落进行审听，检查是否达到预期效果，在审听的同时，可以单击 Bypass 来对处理后与未处理声音进行对比。但该项功能对计算机的性能要求较高。此外，也可以通过使用 Compare（比较）功能来完整地审听所选段落音频调整前后的差异，从而更好地做出判断，同样这样的审听需要渲染时间。

单击 Compare（比较）之后弹出一个界面，如图 10-7 所示，系统将自动进行渲染，当 Dialogue Isolate: Settings 1（对话隔离设置 1）进度条显示已经完成之后，就可以完整审听，并在频谱图上看到先后的对比。

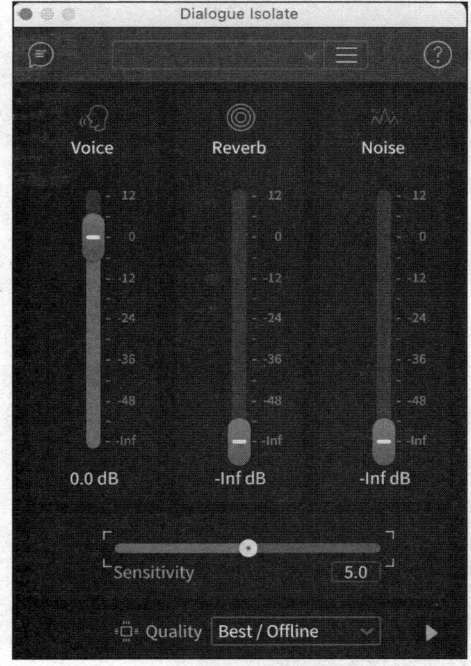

图 10-5　调整对话隔离模块

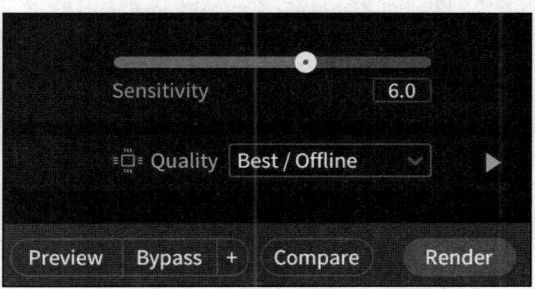

图 10-6　将 Qudity 参数调整为 Best/Offline

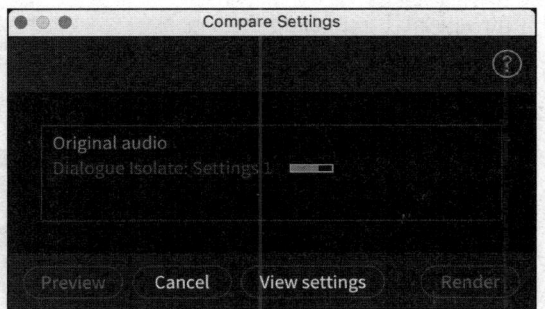

图 10-7　渲染

单击 Original audio（原声）选项，然后单击 Preview（审听）按钮可以听到原声；单击 Dialogue Isolate: Settings 1 选项（对话隔离设置 1），可以听到修复后的声音，并且在频谱上也能够看到修复后的变化。

如果对当前设置的参数对应的效果不满意，可以单击 Cancel（取消）按钮取消这次设置的内容。另外，单击 View settings（查看设置）按钮，可以查看这次设置的参数。

下面通过图 10-8 来对比处理前与处理后的频谱。

很明显，声音处理得很干净，之前看到的噪声（170Hz、100Hz、50Hz）都被处理掉了。再通过监听耳机和监听音箱来判断，人声是否因为该项功能导致音质损毁。如果觉得已经达到目标要求，那么可以单击 Render（应用）按钮，完成这次的降噪工作。如果觉得效果还不够好，可以再次尝试调整灵敏度以及其他参数，进行比较。

 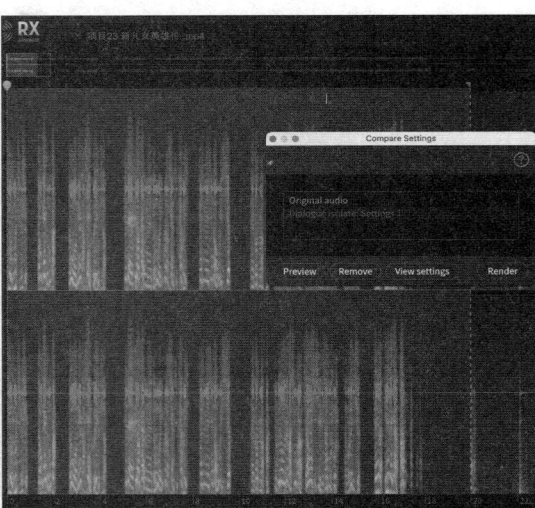

图 10-8 对比处理前后的频谱

10.3 除去杂音

通过之前使用的 Dialogue Isolate（对话隔离）模块，能在图 10-9 所示的频谱图中看到竖线的、脉冲式的随机噪声。这是由于胶片技术保存的缘故，同时在处理起来也相对麻烦。由于噪声样本短小，使用 Spectral De-noise（光谱去噪）模块中的学习功能，可能效果不明显。下面将使用一种非常规的方法来处理这些噪声。

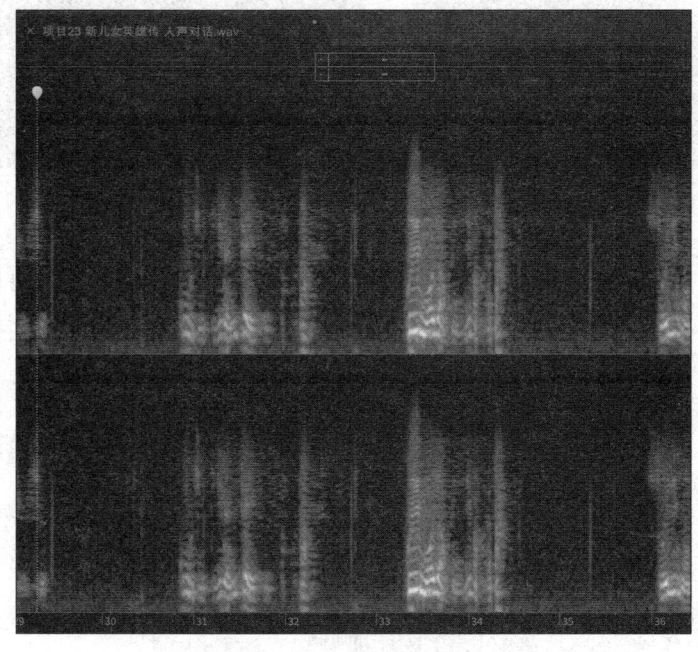

图 10-9 频谱图（2）

这里使用魔法棒选择工具，对相关的电流声音使用修复画笔工具进行处理，如图 10-10 所示，修复音频脉冲式噪声。

图 10-10　修复画笔工具

首先选中音频中的脉冲式声音，然后使用魔法棒工具在图 10-11 所示的音频中选中样本，样本数量越多，处理脉冲式音频的声音就越干净。当然，在下面的音频中，需要确定哪些是需要处理掉的，哪些是需要保留下来的。

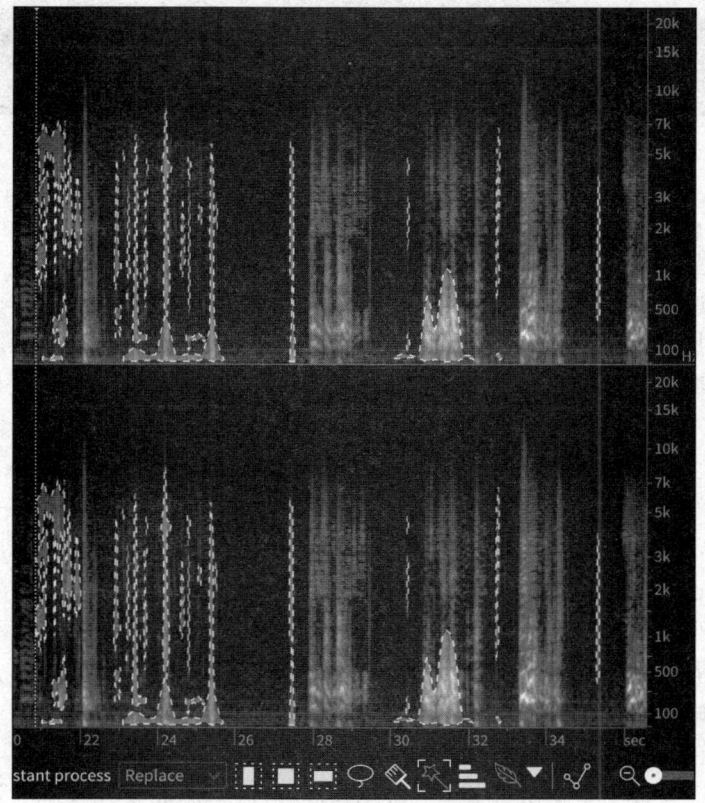

图 10-11　音频图

在选择完成之后单击 Spectral De-noise（光谱去噪）模块，如图 10-12 所示，单击 Learn（学习）按钮。可以看到这个视图中的频段和分贝值，再通过审听调整相应的参数值，最后使用 Render（渲染）进行修复。

修复完的音频虽然不完美，但是因为保存的问题导致的脉冲式声音减少了许多，后期可以再根据具体情况对部分音频单独修正。

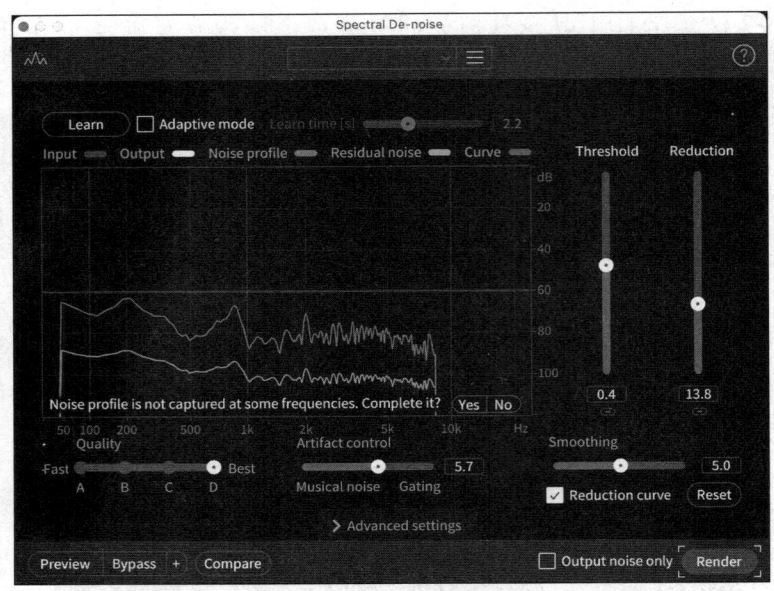

图 10-12　光谱去噪图

10.4　使用 AI 算法提升音质

当修复完上述噪声之后，会发现修复的人声还是有很多问题，如老旧电影中人声的频段是不全的，尤其是高频部分缺失十分严重，低频部分在一次一次的降噪之后也损失了较多的细节声音。那么有没有什么有效办法来调整或者是修复它们呢？答案是肯定的，这里介绍几种修复的方式，大家可以根据自己的需要进行选择使用，还可以联合使用。

同样，先介绍的还是来自 RX 11 中的 Spectral Recovery（频谱恢复）模块，如图 10-13 所示。它能够根据现有频谱中的信息，通过 AI 模型的算法增补一些缺失的信息，让缺失的部分频段增加，让声音更加自然与真实。

Spectral Recovery（频谱恢复）模块中依旧拥有一个 Learn（学习）按钮，音频的逻辑还是通过先学习观察，再来确定修复方案。下面选择所有音频的部分（这里依旧需要注意，不同声音如果放在一起修复很可能会出现修复不准确的情况），根据男声、女声、群众等部分，一一对应修复，切不可操之过急，眉毛胡子一把抓。

确定选择好的人声音频，单击 Leran（学习）按钮，之后窗口中会显示出该段落中缺失的音频部分与需要调整的音频意见。当然也可以自己判断需要修复的频段区间位置。窗口下方同样拥有 Preview（审听）、Bypass（直通）和 Compare（比较）按钮。根据之前的学习，可以选择缺失比较严重的频段进行修复。例如，低频频段在 200Hz 以下出现了较为严重的缺失（这很可能是之前修复降噪过程中遗留下的问题），另外高频部分，在 4604Hz 之后的频段下降也比较严重。将两个选择频段的阀值（见图 10-14 画圈的部分）调整到相应的位置，再来调整 Gain（电平）的大小。

从图 10-15 所示波形频谱和波形中，可以看到通过频谱恢复之后的频谱上已经很明显

任务10 修复音频

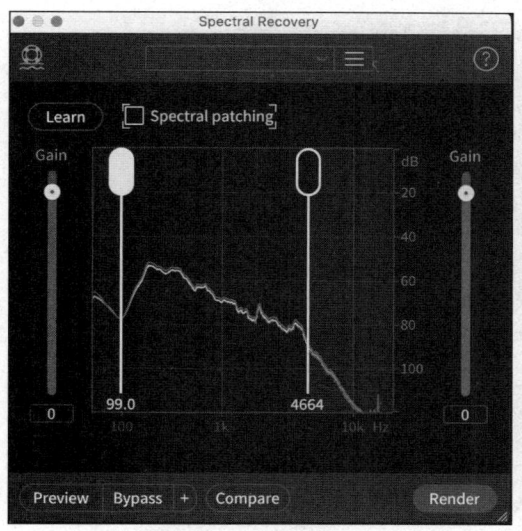
图 10-13 频谱恢复

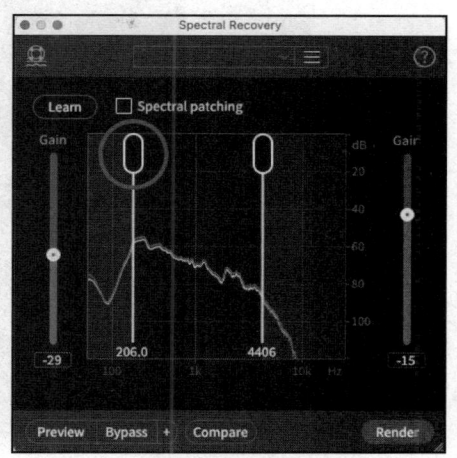
图 10-14 调整阀值

修复了一部分从高频缺失的内容，在修复后可以看到 10kHz 以上已经拥有了部分频段的显示。但是 200Hz 以下的声音（低频的部分），在没有声音的部分也出现了，其中包括之前降低的噪声及其他的一些声音。所以，低频的部分可以增加，但 Gain（电平）的值得降低。是否增加低频，需要视情况而定。这里就需要大家对声音有一个基本概念，有了一定的专业基础理论，再来从事相关工作就会减少试错的概率，提高工作的效率。

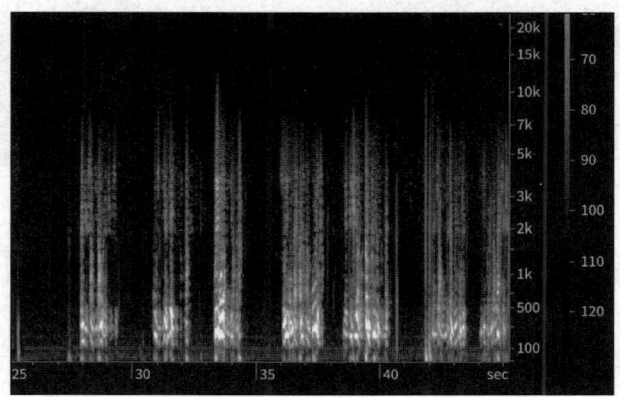
图 10-15 波形频谱

下面再来尝试第二次调试，低频的部分降低 Gain（电平）量为 −31dB，高频部分也同样降低 Gain（电平）为 −15dB，如图 10-16 所示，这样人声会不会好一些呢？要知道，目前人声的电平音量平均值在 −15dB。

从图 10-17 可以看到，虽然没有第一次那么严重的增加，但是在高频频段上也是补齐了部分内容。另外，低频部分由于增加的比较少，也并未出现之前的情况，把噪声一并明显"修复"出来了。

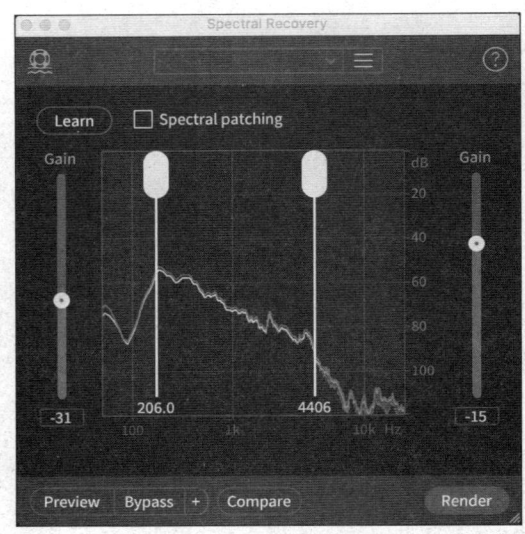

图 10-16　调整电平

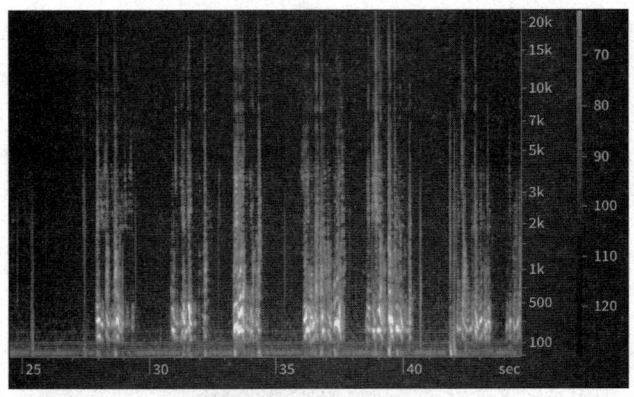

图 10-17　频谱图（3）

再通过音响与监听耳机对音质进行主观评价，发现音质提高得比较明显。这再一次证明了 iZotope RX 11 功能的强大。

任务 11

搭建 5.1 环绕声

任 务 表 单

学习性工作任务单 11

学习场	影视修复				
学习情境	电影《新儿女英雄传》声音工程搭建				
学习任务	搭建 5.1 环绕声		学时	4 学时（160 分钟）	
工作过程	5.1 工程声音布局→新建 5.1 工程→设置系统 I/O →创建分组轨道→声像调整→环绕声道声像调整→低频声道设置				
学习目标	（1）掌握电影环绕声音箱的布局； （2）熟悉掌握 ProTools 5.1 工程文件的设置； （3）根据项目内容实施轨道编组； （4）掌握声像控制器的调整方法； （5）低频声道作用与设置				
任务描述	使用 ProTools 搭建 5.1 工程环绕声				
学时安排	资讯 20 分钟	计划 10 分钟	决策 10 分钟	实施 80 分钟	检查 20 分钟	评价 20 分钟
学生要求	（1）课前做好预习； （2）准备好前期修复好的音频文件； （3）根据项目内容设置环绕声				
参考资料	（1）素材包； （2）PPT 课件				

笔 记

资讯单 11

学习场	影视修复		
学习情境	电影《新儿女英雄传》声音工程搭建		
学习任务	搭建 5.1 环绕声	学时	20 分钟
工作过程	5.1 工程声音布局→新建 5.1 工程→设置系统 I/O →创建分组轨道→声像调整→环绕声道声像调整→低频声道设置		
收集资讯	（1）教师讲解； （2）互联网查询； （3）学生交流； （4）企业项目标准		
资讯描述	根据素材，分析项目的标准要求，获取相关信息，将修复后的音频导入相应轨道		
学生要求	（1）准备好学习用品及任务书； （2）课前做好预习； （3）对两个不同的应用程序有一个认知； （4）提升对听觉的训练，加强主观感知培养		
参考资料	（1）素材包； （2）PPT 课件； （3）"音频非编"课程； （3）"音质主观评价"课程		

笔 记

任务11　搭建5.1环绕声

计划单 11

学习场	影视修复		
学习情境	电影《新儿女英雄传》声音工程搭建		
学习任务	搭建 5.1 环绕声	学时	10 分钟
二作过程	5.1 工程声音布局→新建 5.1 工程→设置系统 I/O →创建分组轨道→声像调整→环绕声道声像调整→低频声道设置		
计划制订	（1）分组讨论项目声音轨道布局，并确定方案； （2）划分并设置分组轨道； （3）根据不同声音轨道调整声像		

序　号	工作步骤	注意事项
1	讨论设计轨道布局	不同画面景别的声音布局
2	新建 5.1 声道工程文件，设置系统 I/O	I/O 对应设置轨道与输出音箱
3	新建分组轨道，划分其作用	根据功能属性设置轨道类型
4	导入素材后，调整声像	声像根据画面内容调整
5	环绕声声像调整	
6	低频声道的设置	理解什么是低频声道

	班　级		第___组	组长签字	
	教师签字		日　期		
计划评价	评语：				

笔　记

决策单 11

学习场	影视修复		
学习情境	电影《新儿女英雄传》声音工程搭建		
学习任务	搭建 5.1 环绕声	学时	10 分钟
工作过程	5.1 工程声音布局→新建 5.1 工程→设置系统 I/O →创建分组轨道→声像调整→环绕声道声像调整→低频声道设置		

计划对比

序 号	计划的可行性	计划的经济性	计划的可操作性	计划的实施难度	综合评价
1					
2					
3					
4					
5					

	班　　级		第___组	组长签字	
	教师签字		日　　期		
决策评价	评语：				

笔　记

任务11　搭建5.1环绕声

实施单 11

学习场	影视修复		
学习情境	电影《新儿女英雄传》声音工程搭建		
学习任务	搭建 5.1 环绕声	学时	80 分钟
工作过程	5.1 工程声音布局→新建 5.1 工程→设置系统 I/O →创建分组轨道→声像调整→环绕声道声像调整→低频声道设置		
序　号	实施步骤	注意事项	
1	讨论设计轨道布局		
2	新建 5.1 声道工程文件，设置系统 I/O		
3	新建分组轨道，划分其作用		
4	导入素材后，调整声像		
5	环绕声声像调整		
6	低频声道的设置		
实施说明	（1）项目中的声音如何布局，这里需要从场景设置上考虑； （2）需要调整对应的轨道 I/O 映射； （3）根据不同的轨道类型，调整声像，并仔细监听声像是否调整到位； （4）根据预处理结果，确定音频声道分配，并做好记录		
实施评价	班　　级		第___组	组长签字	
	教师签字		日　　期		
	评语：				

笔　记

检查单 11

学习场	影视修复		
学习情境	电影《新儿女英雄传》声音工程搭建		
学习任务	搭建 5.1 环绕声	学时	20 分钟
工作过程	5.1 工程声音布局→新建 5.1 工程→设置系统 I/O→创建分组轨道→声像调整→环绕声道声像调整→低频声道设置		

序号	检查项目	检查标准	学生自查	教师检查
1	资讯环节	了解声道布局与工程设置		
2	计划环节	根据画面内容做好声道布局与轨道分组规划		
3	实施环节	按照实际情况做好轨道并调整声像		
4	检查环节	逐一检查各个环节		

	班级		第___组	组长签字	
	教师签字		日期		
检查评价	评语:				

笔 记

评价单 11

学习场	影视修复		
学习情境	电影《新儿女英雄传》声音工程搭建		
学习任务	搭建 5.1 环绕声	学时	20 分钟
工作过程	5.1 工程声音布局→新建 5.1 工程→设置系统 I/O →创建分组轨道→声像调整→环绕声道声像调整→低频声道设置		
评价项目	评价子项目	学生自评	组内评价	教师评价
---	---	---	---	---
资讯环节	（1）教师讲解； （2）互联网查询情况； （3）学生交流情况； （4）企业项目标准情况			
计划环节	（1）查询资料情况； （2）在企业项目档期内轨道搭建情况			
实施环节	（1）学习态度； （2）使用软件的熟练度情况； （3）声像调整后的评价			
最终结果	综合评价			

评 价	班 级		第___组	组长签字	
	教师签字		日 期		
	评语：				

笔 记

教学引导文设计单 11

学习场	影视修复	学习情境	电影《新儿女英雄传》声音工程搭建			
		学习任务	搭建 5.1 环绕声			
普适性工作过程	典型工作过程					
	资讯	计划	决策	实施	检查	评价
5.1 声音设计布局	教师讲解	分组讨论	方案的可行性	填写声像设计单	获取信息相关情况	评价方案效果
新建 5.1 工程文件	教师讲解	查询资料	计划的可行性	新建文件	获取相关信息情况	步骤的正确性
设置系统 I/O	教师讲解	查询资料	计划的可操作性	设置系统 I/O	获取相关信息情况	设置的准确性
创建分组轨道	教师讲解、互联网查询	查询资料	操作的便利性、归类的准确性	新建轨带并划分组别	检查分组合理性	评价操作步骤的便捷性
导入声音素材，调整声像	音质主观评价	评判音频文件	计划的预期效果	根据声像单完成	声像调整完成	评估方案的准确性
环绕声声像调整	音质主观评价	评判音频文件	计划的预期效果	根据声像单完成	声像调整完成	评估方案的准确性
低频声道的设置	音质主观评价	评判音频文件	计划的预期效果	根据声像单完成	声像调整完成	评估方案的准确性

笔 记

任务11　搭建5.1环绕声

教学反馈单（学生反馈）11

学习场	影视修复		
学习情境	电影《新儿女英雄传》声音工程搭建		
学习任务	搭建 5.1 环绕声	学时	4学时（160分钟）
工作过程	5.1 工程声音布局→新建 5.1 工程→设置系统 I/O →创建分组轨道→声像调整→环绕声道声像调整→低频声道设置		

调查项目	序号	调查内容	理由描述
	1	资讯环节	
	2	计划环节	
	3	实施环节	
	4	检查环节	

您对本次课程教学的改进意见：

调查信息	被调查人姓名		调查日期	

笔　记

分组单 11

学习场	影视修复		
学习情境	电影《新儿女英雄传》声音工程搭建		
学习任务	搭建 5.1 环绕声	学时	4 学时（160 分钟）
工作过程	5.1 工程声音布局→新建 5.1 工程→设置系统 I/O →创建分组轨道→声像调整→环绕声道声像调整→低频声道设置		

分组情况	组别	组长	组员
	1		
	2		
	3		
	4		
	5		
	6		
	7		

分组说明	

班　　级		教师签字		日　　期	

笔　记

教师实施计划单 11

学习场	影视修复		
学习情境	电影《新儿女英雄传》声音工程搭建		
学习任务	搭建 5.1 环绕声	学时	4 学时（160 分钟）
工作过程	5.1 工程声音布局→新建 5.1 工程→设置系统 I/O →创建分组轨道→声像调整→环绕声道声像调整→低频声道设置		

序　号	工作与学习步骤	学时	使用工具	地点	方式	备注
1	资讯情况	20 分钟				
2	计划情况	10 分钟				
3	决策情况	10 分钟				
4	实施情况	80 分钟				
5	检查情况	10 分钟				
6	评价情况	10 分钟				
班　级		教师签字		日期		

笔　记

成绩报告单 11

_____班级_____姓名_____学习场（课程）成绩报告单

学习场	影视修复			
学习情境	搭建 5.1 环绕声			
学习任务	电影《新儿女英雄传》声音工程搭建	学时	4学时（160分钟）	
评分项	自评	小组评	教师评	企业导师评
资讯				
计划				
决策				
实施				
检查				

笔 记

理 论 指 导

在影视音频制作中，环绕声技术通过多个扬声器的协同工作，为观众提供更为沉浸的听觉体验。要想让老旧电影《新儿女英雄传》焕发新颜，使用 ProTools 建立 5.1 声道工程时，扬声器的布局是关键。

11.1　扬声器的布局

5.1 声道系统包括左、中、右三个前置扬声器，左环绕和右环绕两个后置扬声器，以及一个超低音扬声器。扬声器的布局需遵循以下原则。

（1）声场均匀：确保大厅内各个位置的声音强度和音质均匀。

（2）视听方向一致：扬声器布局应使观众在视听方向上感受到声音的自然与和谐。

（3）避免反馈：通过合理的布置减少声音反馈，提高传声增益。

在实际应用中，5.1 扬声器应以聆听者（"皇帝"位）为半径做圆形环绕（见图 11-1），前置扬声器通常位于屏幕两侧及中心位置。扬声器 C（中置）位于屏幕的正中心，扬声器 L、R 与扬声器 C 的夹角应在 30°（见图 11-2），且成弧形。环绕扬声器 LS 与 RS 则位于聆听者后侧，它们与扬声器 C 形成的角度应在 110°，这时的扬声器与聆听座位等距。而因人耳对超低频声音不敏感，超低音扬声器可以根据场地情况灵活布置，以增强低频效果。

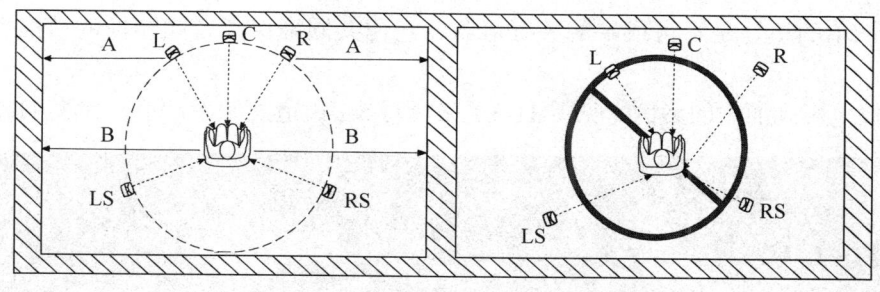

图 11-1　音箱摆放位置（1）

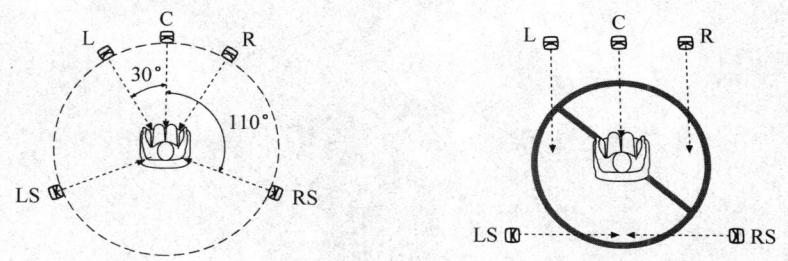

图 11-2　音箱摆放位置（2）

11.2 环绕声格式

在电影工业发展的今天，环绕声格式主要包括 Dolby Surround Pro Logic、Dolby Digital、DTS 和 SDDS。

Dolby Surround Pro Logic：将后方效果声道编码至立体声信道中，重放时需解码器分离出环绕声信号。尽管其环绕声道为单声道且频宽有限，但在早期被广泛应用。

Dolby Digital：取代 Dolby Surround Pro Logic 成为多声道音频的标准，分别是左（Left: L）、中（Center: C）、右（Right: R）三个前方声道和左环绕（Left Surround: LS）、右环绕（Right Surround RS）共 5 个全频带声道和 1 个限制带宽。因此，其也称 5.1 声道，它支持更丰富的音频层次和动态范围，是 DVD 和数字电视的主要音频格式。

DTS：一种与 Dolby Digital 竞争的多声道音频格式，主要提供了四声道立体环绕声（左、中、右、后），它提供了高质量的音频压缩和解码效果。

SDDS：Sony 公司的动态数字环绕声，专为配有 Sony 解码和播放硬件的影院设计，SDDS 可以支持 5 个前方声道（左、左中、中、右中、右）、两个后方（环绕）声道和一个低音效果声道，增加左中和右中声道，提升声音定位的准确性，即所谓 7.1 制式。

通过 ProTools 软件，可以灵活编辑和处理不同格式的环绕声音频，实现精准的音频定位和高质量的混音效果，为观众带来更为震撼的听觉享受。

11.2.1 单声道转 5.1 声道布局

在将电影《新儿女英雄传》的单声道音频转换为 5.1 声道布局的过程中，审片讨论与声像设计单的填写是不可或缺的关键步骤，它们共同确保了音频转换的精准性和艺术效果。

下面以电影画面中的案例（见图 11-3）来撰写 5.1 声道声像设计单，如表 11-1 所示。

图 11-3　电影《新儿女英雄传》宣讲画面

任务11 搭建5.1环绕声

表 11-1 电影 5.1 声道声像设计单

序号	入画时间（hh: mm: ss）	场景描述	画面时长 /s	镜头景别	使用声道	声像	备注
1	01: 25: 27	会议室内宣讲（宣讲画面1）	7	近景侧拍（男）	左、中、右声道（LCS）	声像偏右	
2	01: 25: 34	会议室内宣讲（宣讲画面2）	6	近景侧拍（女）	左、中、右声道（LCS）	声像偏左	
3	01: 25: 44	会议室内宣讲（宣讲画面3）	5	全景/固定机位	左、中、右声道（LCS）	声像居中	

注意：表 11-1 仅为示例，实际制作时需要根据电影《新儿女英雄传》的具体音频和视频内容进行调整。

11.2.2 新建 ProTools 5.1 工程文件

在 ProTools 24.6 中，新建工程可以勾选"从模板创建"复选框，并选择"模板组"中的 Dolby Atmos，再选中 Dolby Audio Bridge Mono，如图 11-4 所示。这时可以修改工程文件名称为"电影《新儿女英雄传》案例一"，"文件类型"选择 BWF（.WAV），工程的"采样率"为 48kHz，"比特精度"为"24-比特"，选择保存的位置，最后单击"创建"按钮。

图 11-4 创建工程文件

这时先选择设置系统的声卡，如果是 Mac 系统，用户既可以使用系统自带的板载声卡，也可以使用外置的专业声卡；如果是 Windows 系统，用户就需要单独购置一块专业的声卡来配合使用了。

11.2.3 设置系统的 I/O

下面介绍系统的 I/O 设置。I/O 设置是 ProTool 软件能否正常使用的关键所在，在设置的过程中可以根据自己的系统配置和声卡配置来完成一系列的操作，如图 11-5 所示。

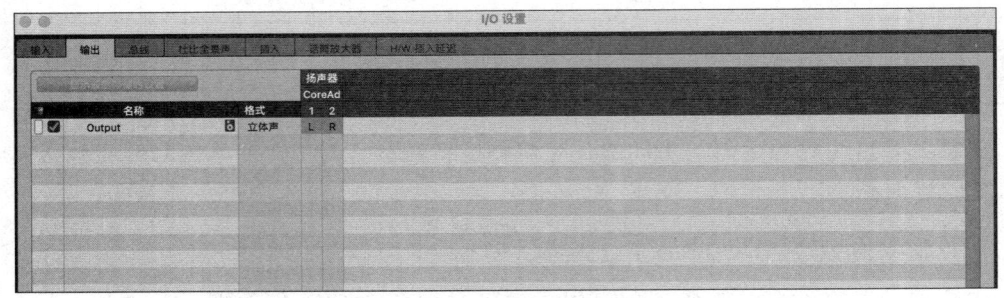

图 11-5　I/O 的输出设置

在总线设置上可以根据 ProTools 系统预制的总线来安排内容，如果需要增加总线的数量，还可以通过新建总线来增加。

下面创建一个新路径并设置好相关的路径内容和命名。需要特别强调的是，在总线设置时需要勾选"自动创建子路径"复选框，否则在轨道选择路由时不能找到对象的声道（L、C、R、LS、RS、LFE），如图 11-6 所示。单击"创建"按钮之后可以看到增加的总线，再把其选中，这样便于之后的监听，如图 11-7 所示。

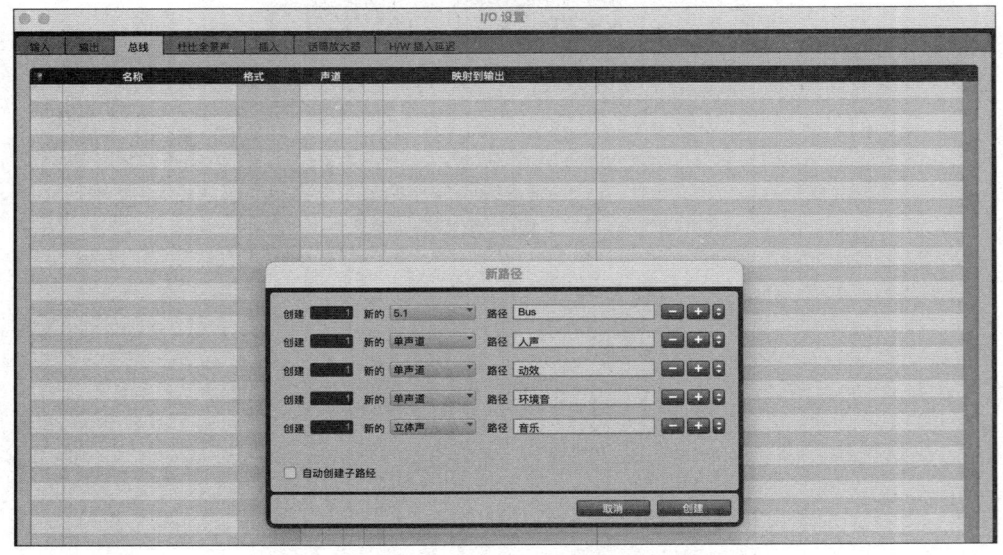

图 11-6　I/O 总线设置（1）

任务11　搭建5.1环绕声

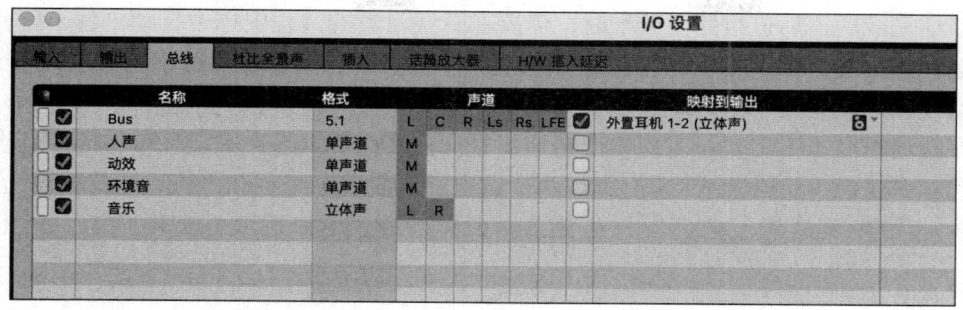

图 11-7　I/O 总线设置（2）

完成以上设置之后就可以单击"确认"按钮，即设置成功了。

11.2.4　新建轨道并分组

依据项目电影声道声像设计单中的内容，把轨道大致按如下类别设置。对白 1~3 轨，音乐 9~12 轨，拟音（动效）13~39 轨，环境声效 40~50 轨。现在可以开始创建轨道内容了。音乐类可以设置双声道，对白、拟音、环境等轨道等都可以设置为单声道，单击"创建"按钮，完成轨道新建，如图 11-8 所示。

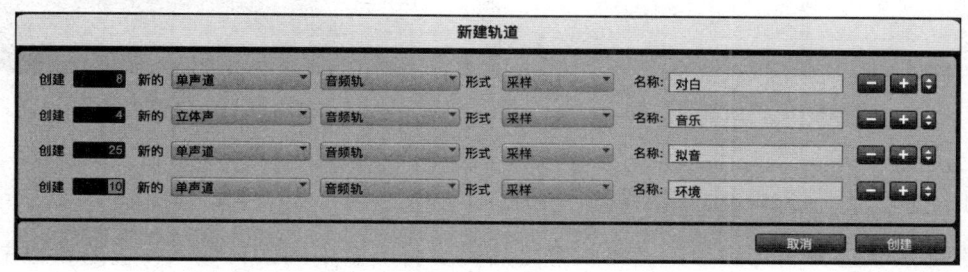

图 11-8　新建轨道（1）

另外，还需要导入电影视频。所以，新建一个视频轨道，以及选择"主推子"新建一个 Master 轨道，能够更好地监听所有轨道的声音是否进入了 5.1 声道中，如图 11-9 所示。

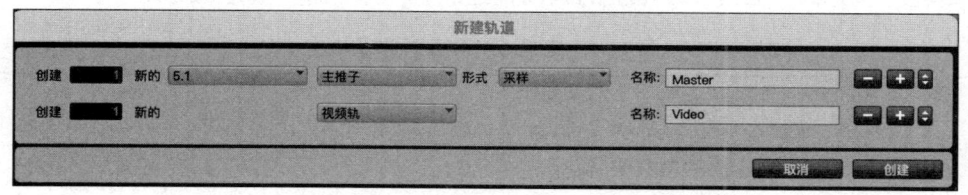

图 11-9　新建轨道（2）

下面对所有设置的轨道进行编组，这里使用快捷键 Ctrl+G（Windows 系统）或者快捷键 Command+G（Mac 系统）来快速组建编组。在弹出的"创建组"窗口中，选中可用的轨道（左边）进行轨道增加，也可以将右边"当前在组中"的轨道删除，其他的设置可以保持不变，如图 11-10 所示。

同理，其他的编组也可以按照上述方式完成分组工作。

新建完成轨道后进行路由分配时，需要在总线设置的过程中选中自动创建子路径，否则在选择路由时会出现找不到发送路径的情况。接着，根据目前项目中的要求完成5.1声道的搭建工作，如图11-10所示。

在轨道对白1~8中，设置好输出通道，根据前期电影声道声像设计单中的声音设计选项，把对白轨道声音设置成LCR和C两个通道。下面选中其中一个轨道，找到输出部分，单击所选的声道位置，把声音发送到Bus.C单声道轨Bus.LCR（LCR）中，如图11-11所示。

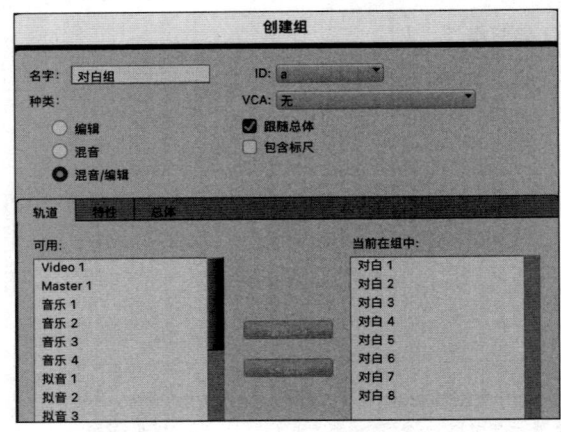

图11-10 "创建组"窗口

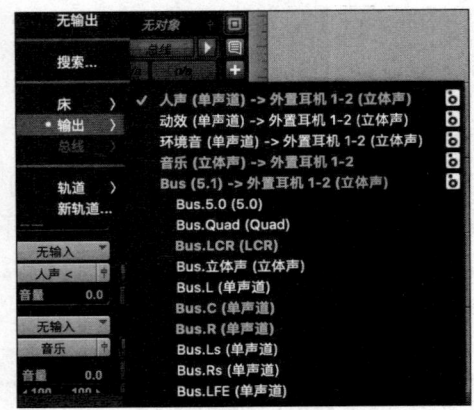

图11-11 轨道内输出

11.2.5 导入素材调整声像

在完成轨道分组与路由的基本设置之后需要将电影中的素材导入相应的轨道中，并编辑相关的音频文件。下面以案例一中的内容为大家介绍，电影声道声像设计单中，前三个序号介绍的是宣讲的内容，从表11-2所示的声像设计单中，可以看出这一幕希望通过左、中、右三个通道来呈现宣讲的大气与雄壮，但同时又要呈现出声像的偏移。如表11-2设计单所示，根据设计单上的画面描述和视频来调整声像位置。

表11-2 电影5.1声道声像设计单

序号	入画时间 （hh: mm: ss）	场景描述	画面时长/s	镜头景别	使用声道	声像	备注
1	01: 25: 27	会议室内宣讲 （宣讲画面1）	7	近景侧拍（男）	左、中、右声道（LCS）	声像偏右	
2	01: 25: 34	会议室内宣讲 （宣讲画面2）	6	近景侧拍（女）	左、中、右声道（LCS）	声像偏左	
3	01: 25: 44	会议室内宣讲 （宣讲画面3）	5	全景/固定机位	左、中、右声道（LCS）	声像居中	

根据声像设计单，把电影中的人声分别放在对白1轨道和对白2轨道中，其中对白1轨道是LCR通道，对白2轨道是C通道，再根据画面的内容，完成音频的编辑内容，大

体上要呈现出，群合是对白 1 轨道，单独宣讲是对白 2 轨道，如图 11-12 所示。

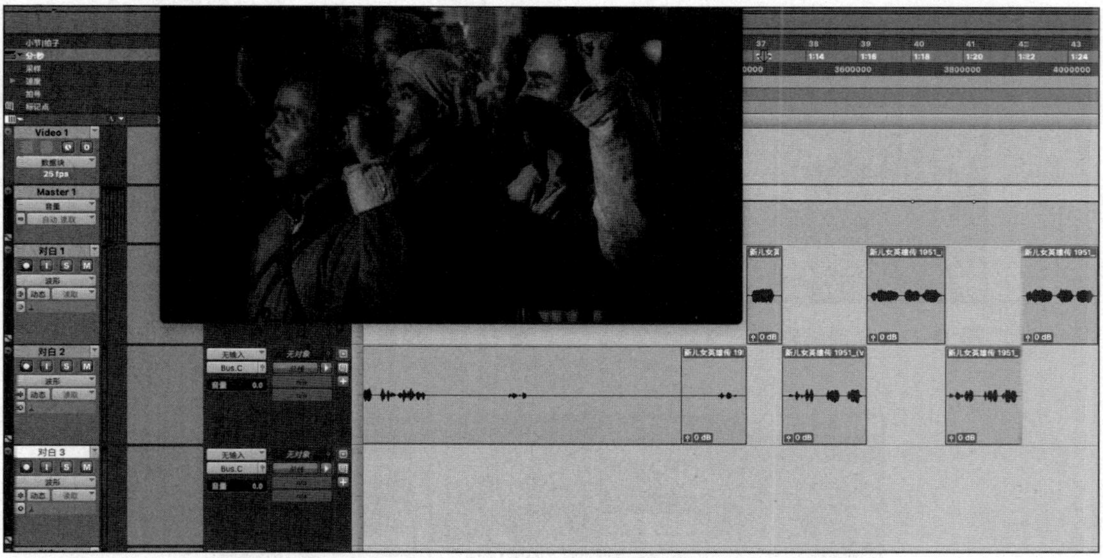

图 11-12　编辑窗口

接着根据声像设计单，调整相关的声像位置。单击图 11-13 中画圈部分，弹出声像设置器可以看到其原始参数为位置 0，散射 100，中置 100。这时根据画面和参数的调整来完成听审与评价的过程。根据声像设计单中的描述，希望把声像位置放置靠右侧多一些。如图 11-13 所示，可以通过调整位置旋钮来完成声像位置的偏移。此外，从总线中可以看到声音只从 C 通道出来，其他两个声道并没有声音出现，所以需要调整另外一个参数——中置，将其参数设置为 50，进行播放，就可以看到总线中 RCL 三个通道同时出现了声音。

经过调整参数与审听，最终确定位置参数为 25，该参数既不会让声音严重偏移右侧，又能够体现出声像的变化。此外，在电影中指导员宣讲时，声像同样也需要调整。这次，将声音位置调整为 40，既不至于中央声音严重偏左，同时又能很好地呈现出画外音的声像位置。

11.2.6　环绕声声像调整

依旧以案例一中的内容为例，这一场景讲述的是日本军队入侵村庄，村民们纷纷逃离村子，不料被日军围剿。在这一幕中，村民们从镜头的右侧往左撤离，子弹从中穿过，如图 11-14 所示。很明显，子弹将会从右侧穿过人群去往左侧。这样可以设计一个从右后方向，飞往左前方向的子弹。也就是从 RS 声道进入 L 声道。如果要再逼真一点可以再加入一点进入 LS 和 R 声道中的，只是这两个声道的音量需要弱化。

那么，在制作子弹飞过的部分，需要先将音效素材放入环境轨道中，然后调整路由发送到相应的 Bus 声道中。同时，还需要掌握声音的大小、远近、方向、速度等诸多因素。这时可以戴上耳机仔细甄别与判断，不断调整，直到调整到满意为止，如图 11-15 所示。

图 11-13 轨道编辑

图 11-14 电影《新儿女英雄传》画面

图 11-15 编辑界面——环境轨

11.2.7 低频声道的设置

低频声音具有较长的波长，能够更容易绕过障碍物，因此其方向性相对较弱。在 5.1 声道系统中，超低音扬声器主要负责重低音部分，这些低频声音虽然能够增强整体音效的震撼感和沉浸感，但在空间定位上不如中高频声音精确。

人耳对于低频声音的方向辨别能力相对较弱，因此当低频声波到达人耳时，两耳接收到的声波几乎是同时且相位差很小，使得人耳难以通过时间差或相位差来准确判断低频声音的方向。所以，在制作超低频声道时，只要将需要超低频表现的部分声音发送给低频音轨即可。

完成了以上的设置，基本上就已经搭建好电影《新儿女英雄传》音频修复的工程了。

任务 12

拟音与录音

任 务 表 单

学习性工作任务单 12

学习场	影视修复		
学习情境	电影音效的创作与人声录制		
学习任务	拟音与录音	学时	4学时（160分钟）
工作过程	分析电影画面片段→记录更替与缺失信息→设计电影拟音音效与人声录音修复方案→软件与硬件的设置→使用 ADR 技术重录人声→保存音频文件		
学习目标	（1）电影声音设计； （2）熟练掌握录音棚的设备与操作流程； （3）了解录音棚与拟音室的构造； （4）掌握拟音的技巧，拓展想象力； （5）掌握录制人声的技巧		
任务描述	使用拟音与录音技术修复电影《新儿女英雄传》中缺失与增补的信息		
学时安排	资讯20分钟　计划10分钟　决策10分钟　实施80分钟　检查20分钟　评价20分钟		
学生要求	（1）分析电影《新儿女英雄传》； （2）课前做好预习（拟音与录音）； （3）搭建好 ProTools 5.1 工程； （4）根据电影内容设计录音方案		
参考资料	（1）素材包； （2）PPT 课件		

笔 记

资讯单 12

学习场	影视修复		
学习情境	电影音效的创作与人声录制		
学习任务	拟音与录音	学时	20 分钟
工作过程	分析电影画面片段→记录更替与缺失信息→设计电影拟音音效与人声录音修复方案→软件与硬件的设置→使用 ADR 技术重录人声→保存音频文件		
收集资讯	（1）教师讲解； （2）互联网查询； （3）学生交流； （4）企业项目标准		
资讯描述	根据相关素材，分析项目的标准要求，获取相关信息，使用相关技术进行拟音与录音		
学生要求	（1）准备好学习用品及任务书； （2）课前做好预习； （3）了解拟音室和录音棚的设备与房间特性； （4）拟音与录音		
参考资料	（1）素材包； （2）PPT 课件； （3）"拾音技术"课程		

笔 记

任务12　拟音与录音

计划单 12

学习场	影视修复		
学习情境	电影音效的创作与人声录制		
学习任务	拟音与录音	学时	10 分钟
工作过程	分析电影画面片段→记录更替与缺失信息→设计电影拟音音效与人声录音修复方案→软件与硬件的设置→使用 ADR 技术重录人声→保存音频文件		
计划制订	（1）学生分组讨论分析电影画面片段； （2）使用录音单记录更替与缺失信息（根据任务 11 音频修复中记录的情况完成）； （3）设计拟音与录音的方案与使用的器材		

序　号	工作步骤	注意事项
1	分析电影《新儿女英雄传》原声画面	
2	使用录音单记录更替与缺失信息	可根据任务 11 中的修复情况完善录音单
3	根据电影画面设计声音修复方案	可信性与艺术性兼顾
4	拟音室设备安装与调试	根据音效制作要求选择录音设备
5	拟音实战	环境噪声、录音的技巧
6	拟音声音评价	
7	录音棚设备安装与调试	环境噪声、录音的技巧
8	ADR 技术补录人声	录音人员队形、口型适配，与电影画面对位
9	补录人声评价	
10	保存音频文件	

班　级		第___组	组长签字	
教师签字		日　期		
计划评价	评语：			

笔　记

决策单 12

学习场	影视修复		
学习情境	电影音效的创作与人声录制		
学习任务	拟音与录音	学时	10 分钟
工作过程	分析电影画面片段→记录更替与缺失信息→设计电影拟音音效与人声录音修复方案→软件与硬件的设置→使用 ADR 技术重录人声→保存音频文件		

计划对比					
序 号	计划的可行性	计划的经济性	计划的可操作性	计划的实施难度	综合评价
1					
2					
3					
4					
5					
6					
7					
8					

	班　级		第___组	组长签字	
	教师签字		日　期		
决策评价	评语：				

笔 记

实施单 12

学习场	影视修复		
学习情境	电影音效的创作与人声录制		
学习任务	拟音与录音	学时	80 分钟
工作过程	分析电影画面片段→记录更替与缺失信息→设计电影拟音音效与人声录音修复方案→软件与硬件的设置→使用 ADR 技术重录人声→保存音频文件		
序 号	实施步骤	注意事项	
1	分析电影《新儿女英雄传》原声画面	结合任务 10 中的修复情况	
2	使用录音单记录更替与缺失信息	记录电影中的时间,以帧为单位	
3	根据电影画面设计声音修复方案	设计要合理,利用校内现有资源进行	
4	拟音室设备安装与调试		
5	拟音实战	录制音效时注意细微声音的变化	
6	拟音声音评价		
7	录音棚设备安装与调试		
8	ADR 技术补录人声	混响时长与声场大小	
9	补录人声评价		
10	保存音频文件		
实施说明	（1）电影画面分析,按照缺失的信息从地面到天空完成录音单的情况记录; （2）根据拟音室与录音棚的实际情况选择录音话筒; （3）ADR 录音应该考虑混响时间与声场表现,调整话筒距离（尽量不将更多工作丢给后期）; （4）根据录制的情况,进行评价与保存		
实施评价	班 级		第___组	组长签字	
	教师签字		日 期		
	评语：				

笔 记

检查单 12

学习场	影视修复		
学习情境	电影音效的创作与人声录制		
学习任务	拟音与录音	学时	10 分钟
工作过程	分析电影画面片段→记录更替与缺失信息→设计电影拟音音效与人声录音修复方案→软件与硬件的设置→使用 ADR 技术重录人声→保存音频文件		

序　号	检查项目	检查标准	学生自查	教师检查
1	资讯环节	拟音与录音理论		
2	计划环节	拟音与录音的工作安排		
3	实施环节	根据实施内容完成创作前、中、后的工作流程检查		
4	检查环节	逐一检查各个环节		

检查评价	班　级		第___组		组长签字	
	教师签字		日　期			
	评语：					

笔　记

评价单 12

学习场	影视修复			
学习情境	电影音效的创作与人声录制			
学习任务	拟音与录音	学时	10 分钟	
工作过程	分析电影画面片段→记录更替与缺失信息→设计电影拟音音效与人声录音修复方案→软件与硬件的设置→使用 ADR 技术重录人声→保存音频文件			
评价项目	评价子项目	学生自评	组内评价	教师评价
资讯环节	（1）教师讲解； （2）互联网查询情况； （3）学生交流情况； （4）企业项目标准情况			
计划环节	（1）查询资料情况； （2）在企业项目档期内拟音与录音			
实施环节	（1）学习态度； （2）拟音与录音的实践情况； （3）审听录音评价			
最终结果	综合情况			
评 价	班　　级：		第___组	组长签字
	教师签字		日　　期	
	评语：			

笔 记

教学引导文设计单 12

学习场	影视修复	学习情境	电影声音拟音与录音			
		学习任务	拟音与录音			
普适性工作过程	典型工作过程					
	资讯	计划	决策	实施	检查	评价
分析电影《新儿女英雄传》画面	教师讲解	分组讨论	计划的可行性	电影框架的概述	获取信息相关情况	评价学习态度
使用录音单记录更替与缺失信息	教师讲解	查询资料	计划的可行性、经济性	使用录音记录单	获取相关信息情况	评价学习态度
设计声音修复方案	教师讲解	查询资料	计划的经济性、可操作性	列出方案细节	与录音记录单比对	声音设计的评价
拟音室设备安装与调试	教师讲解	查询资料	计划的可操作性	选择录音话筒与设备	检查设备参数与录制内容	评价操作步骤的正确性
拟音实战	教师讲解	查询资料	计划的预期效果	话筒距离与操作过程	拾音距离与呈现效果	评价声音效果
拟音声音评价	企业项目标准	查询资料	是否达到预期	耳机与监听对比	检查录音的电平与效果	评价拟音结果
录音棚设备安装与调试	教师讲解	查询资料	计划的可操作性	选择录音话筒与设备	检查设备参数与录制内容	评价操作步骤的正确性
ADR 补录人声	教师讲解	查询资料	计划的预期效果	话筒距离与操作过程	拾音距离与呈现效果	评价声音效果
补录人声评价	企业项目标准	查询资料	是否达到预期	耳机与监听对比	检查录音的电平与效果	评价拟音结果

笔 记

教学反馈单（学生反馈）12

学习场	影视修复		
学习情境	电影音效的创作与人声录制		
学习任务	拟音与录音	学时	4学时（160分钟）
工作过程	分析电影画面片段→记录更替与缺失信息→设计电影拟音音效与人声录音修复方案→软件与硬件的设置→使用ADR技术重录人声→保存音频文件		
调查项目	序号	调查内容	理由描述
	1	资讯环节	
	2	计划环节	
	3	实施环节	
	4	检查环节	

您对本次课程教学的改进意见：

| 调查信息 | 被调查人姓名 | | 调查日期 | |

笔记

分组单 12

学习场	影视修复		
学习情境	电影音效的创作与人声录制		
学习任务	拟音与录音	学时	4学时（160分钟）
工作过程	分析电影画面片段→记录更替与缺失信息→设计电影拟音音效与人声录音修复方案→软件与硬件的设置→使用ADR技术重录人声→保存音频文件		

分组情况	组别	组长	组员					
	1							
	2							
	3							
	4							
	5							
	6							
	7							

分组说明	

班　级		教师签字		日　　期	

笔记

任务12　拟音与录音

教师实施计划单 12

学习场	影视修复				
学习情境	电影音效的创作与人声录制				
学习任务	拟音与录音	学时	4 学时（160 分钟）		
工作过程	分析电影画面片段→记录更替与缺失信息→设计电影拟音音效与人声录音修复方案→软件与硬件的设置→使用 ADR 技术重录人声→保存音频文件				
序　号	工作与学习步骤	学时	使用工具	地点	方式	备注
1	资讯情况	20 分钟	互联网			
2	计划情况	10 分钟	计算机			
3	决策情况	10 分钟	录音单			
4	实施情况	80 分钟	拟音或 ADR 补录			
5	检查情况	20 分钟	ProTools			
6	评价情况	20 分钟	音箱、耳机			
班　级		教师签字		日　期		

笔　记

成绩报告单 12

_____班级_____姓名_____学习场（课程）成绩报告单

学习场	影视修复			
学习情境	电影音效的创作与人声录制			
学习任务	电影《新儿女英雄传》拟音与录音		学时	4 学时（160 分钟）
评分项	自评	小组评	教师评	企业导师评
资讯				
计划				
决策				
实施				
检查				

笔记

理 论 指 导

12.1 电影录音

录音,即将声音信号记录在媒质上的过程,是电影制作中不可或缺的一环。这一过程涉及声音信号的采集、放大、记录以及最终的重放。录音技术的发展经历了从机械录音、光学录音到磁性录音,再到如今的数字录音,每次技术的飞跃都极大地提升了电影声音的质量和表现力。

录音设备主要包括话筒、调音台、专业声卡、监听音箱等。录音方法多样,包括多轨录音、网络在线录音等。多轨录音允许录音师将不同音轨分别录制,再进行后期混合,从而实现对声音效果的精细控制。数字录音技术的出现,更是将录音的便捷性和质量提升到了前所未有的高度。

12.1.1 电影录音的历史

电影录音技术的发展史,是一部技术与艺术相结合的壮丽篇章。从最初的机械录音到如今的数字录音,每步都凝聚着无数电影工作者的智慧与汗水。

以早期的机械录音为例,美国影片《爵士歌王》(1927年)是世界上第一部有声电影,它采用了机械录音法制作的唱片为电影记录和还原声音。然而,由于唱片与胶片不在一起,放映时声音与画面时常错位,影响了观众的观影体验。尽管如此,这部影片仍然标志着电影有声时代的到来,为后来的电影录音技术奠定了基础。

随着技术的发展,光学录音逐渐取代了机械录音。20世纪30年代初,电影实现了用胶片录音和还音,人们成功地在电影备份画面的一侧录上了声音的痕迹,这条痕迹称为光学声迹或声带。光学录音的优点是可录制音域较广的声音,声音质量较高,且能做到声画同步。然而,其制作复杂、生产期长、易受损等缺点也限制了其进一步发展。

到了20世纪40年代末,磁性录音技术的引入彻底改变了电影录音的面貌。美国人将磁性录音技术引入电影录音领域,使得原始声带素材和混合录音都改成磁性录音。磁性录音的优点是方便、快捷、噪声小、频带宽、动态范围大、质量高。它极大地提高了电影声音的质量和表现力,为电影艺术的发展注入了新的活力。

12.1.2 电影《新儿女英雄传》的录音技术

《新儿女英雄传》作为一部具有浓郁民族特色的电影作品,其录音技术在一定程度上反映了当时电影录音的现状与局限。由于该片录制于较早时期,受限于当时的录音技术条件,该片采用了单声道录音技术。

单声道录音由于只有一个声道,无法实现音源的分离定位,音质表现相对较为平面和单一。在《新儿女英雄传》中,这一局限使得许多音响效果无法充分呈现。例如,影片中的环境声、背景音乐以及人物对话等声音元素,都只能以单一的形式呈现,缺乏层次感和立体感。这不仅影响了观众的观影体验,也限制了电影声音的艺术表现力。

此外，受限于当时的录音设备和技术水平，该片在录音过程中还面临着诸多挑战。例如，现场噪声的控制、声音信号的放大与处理等问题都难以得到有效解决。这些因素进一步加剧了该片音响效果的不足和遗憾。

12.1.3　现代录音技术

与《新儿女英雄传》时期相比，现代数字技术录音的先进性体现在多方面。首先，数字技术录音采用计算机为载体，将声音信号进行数字化处理并同步转换，大大提高了录音的精度和效率。其次，数字技术录音能够实现多轨录音和实时混音处理，使得录音师能够根据需要灵活调整声音效果。最后，数字技术录音还具有强大的后期处理能力，能够通过各种音频处理软件对录音进行精细加工和修饰，从而打造出更加完美和逼真的声音效果。

在音质方面，数字技术录音具有更高的信噪比和更宽的动态范围。这使录音作品在声音清晰度和层次感方面有了显著提升。同时，数字技术录音还能够实现声音信号的精确定位和分离处理，使得观众能够感受到更加立体和真实的音效体验。

在电影制作中，数字技术录音的应用极大地提升了电影声音的质量和表现力。无论是环境声的营造、背景音乐的渲染还是人物对话的清晰呈现，数字技术录音都能够为电影艺术创造出更加生动和逼真的声音世界。因此，可以说数字技术录音是现代电影制作中不可或缺的重要技术之一。

12.1.4　电影 ADR 补录技术

在对电影《新儿女英雄传》的人声以及电影画面中缺失的声音信息进行补充的项目中，将让观影者在观影的过程中更容易沉浸在电影的世界里，同时也为电影从单声道转 5.1 声道收集、整理声音信息奠定基础。

由于是对老电影进行修复，并不是重新录制人声的部分，只是针对某一部分（前一项目音频修复）的补录，这一部分的声音损毁比较严重，或者不能很好修复完善。这里采用 ADR 技术进行补录。

12.1.5　ADR 技术

电影录音中的自动对白替换（Automated Dialogue Replacement，ADR）技术，是指由于现场收音不佳或其他技术、表演原因，需要重新录制与画面匹配的对白或声音，以还原银幕上的情境。这一过程通常被称为后期配音。

这样做的目的十分明显，不但可以提升音质，将电影录制过程中出现的杂音、噪声等问题加以改善；还能修正表演中因为语速、咬字、口音或表演状态导致需要进行的调整等；此外，导演还可以通过 ADR 技术为影片增添特定的声音效果。

12.1.6　电影拟音技术

拟音是指人们利用各种工具模拟出电影中所需要的音响。在电影声音工艺流程中，拟音只占据动效的一部分，通常是由一人至几人完成，制作的周期根据质量要求不同，有几周至几个月不等。乔治·卢卡斯曾说："声音是电影艺术的百分之五十。"在电影工业日益繁荣发展的同时，声音团队也日益壮大，拟音越来越成为不可忽视的一个环节。拟音水平的好坏，常常关系到这影片制作水平的高低，甚至影响观影效果。所以，"在电影所含的声音元素中，拟音又是一个神奇的分支，其至少占据声音表现力的百分之五十。"

12.2 分析电影《新儿女英雄传》画面

下面使用任务 11 中的电视素材作为案例对象，先对电影信息中存在的问题进行分析，再在录音单中记录下来，通过后期的小组协商，在电影拟音与录音环节中作为设计录音方案的参考。

如图 12-1 和图 12-2 所示的两个场景时长分别为 72s 和 120s，通过原声观影分析和修复后审听对比的方式，提出对前期项目的主观评价，再对声音拆分、人声修复、降噪后存在的问题提出修改意见。

图 12-1　会议室内宣讲
（1: 24: 41—1: 25: 53）

图 12-2　日军逼迫农民供出八路军、民兵
（1: 28: 54—1: 30: 54）

在以上步骤的审听分析结束之后，由于需要记录的信息量较大，通常在完成审听分析后，需要将相关的信息进行记录。这时就需要填写记录单，完成信息的记录与分析概述。

以下是一个针对电影画面重录的录音记录单模板，如表 12-1 所示。这个模板旨在帮助音频团队详细记录每个需要重录或修复的片段，以确保高质量的音频后期处理。

表 12-1　电影画面重录录音记录单

项目名称：　　　　　　　　　　　　影片编号/标题：
录音日期：　　　　　　　　　　　　录音师：
监制/导演备注：

序号	入画时间 (hh: mm: ss)	场景内容简述	时长/s	镜头景别	修复内容	修复方案	录音/拟音说明
1	01: 25: 27	会议室内宣讲（宣讲画面 1）	7	近景侧拍（男）	前期修复失败，噪声较多	使用 ADR 重录，清理背景噪声，确保台词清晰	宣讲重录，模拟会议室、声音偏置男声

续表

序号	入画时间 (hh: mm: ss)	场景内容简述	时长/s	镜头景别	修复内容	修复方案	录音/拟音说明
2	01: 25: 34	会议室内宣讲（宣讲画面2）	6	近景侧拍（女）	前期修复失败，噪声较多	同上	宣讲重录，模拟会议室、声音偏置女声
3	01: 25: 44	会议室内宣讲（宣讲画面3）	5	全景/固定机位	前期修复失败，噪声较多	同上	宣讲重录，模拟会议室、考虑场景的因素

12.3 设计声音修复方案

从电影信息的记录到修复信息的评估，需要一个周密而翔实的计划。案例场景一画面拍摄的是一个室内的会议室，由于原定音频降噪修复方案失败，导致后期的修复工作转交ADR补录，这就要针对这一幕的场景，量身设计一个录音环境（可以是真实的录音棚环境，也可以是后期模拟的会议室）以适应电影中的场景音响效果。

12.3.1 ADR录音修复方案

根据审片分析与小组讨论或咨询专家意见，完成场景修复的意见方案，根据可行性、性价比、完成难易程度进行综合的评估与讨论，确定最终录制方案。通过电影拍摄的景别和房间环境，从5.1声道的逻辑来设计声音录制方案，如图12-3和图12-4所示。

图12-3 会议室的宣讲（1）　　　　图12-4 会议室的宣讲（2）

接下来设计了两种录音方案供给大家参考。

方案一：采用A/B制立体声录制双声道，这里采用相同特性、相同指向性的两支话筒，话筒之间的距离为3~5m，这样能够录制出非常充分且广泛的角度，捕捉声音的空间声场。另外，为了避免产生中间位置的空泛情况，再添加一只中央声像群补偿传声器，从而使得被录取的声音中间饱满清晰。这样的拾音方式，带来的是极为温暖华丽、饱满动人的声音，如图12-5所示。

此外，如果需要录制出更好的环境声场效果，还可以使用一只枪式话筒，从远处空中录制，如图12-6所示。

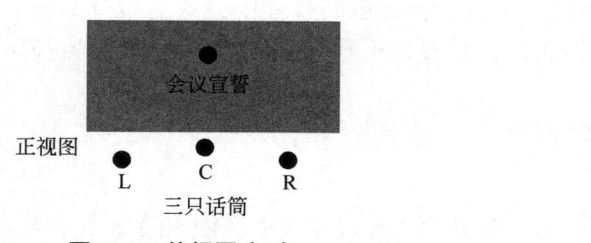
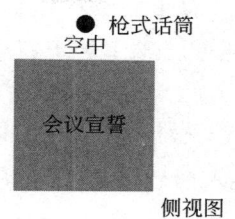

图 12-5　俯视图（1）　　　　　　　图 12-6　俯视图（2）

方案二：采用 M/S 制双声道录音系统，这是一种比较常见的与单声道兼容的立体声拾音方式。M 代表中间，主要收录中央信号，同时还会拾取到左侧声源与右侧声源。S 代表左右两侧的声源，使用 8 字型指向话筒拾音。其中，M 话筒拾取的声音信号表达方式为 M=L+C+R，S 话筒拾取的声音信号表达方式为 S=L+（−R）=L−R。具体如图 12-7 和图 12-8 所示。

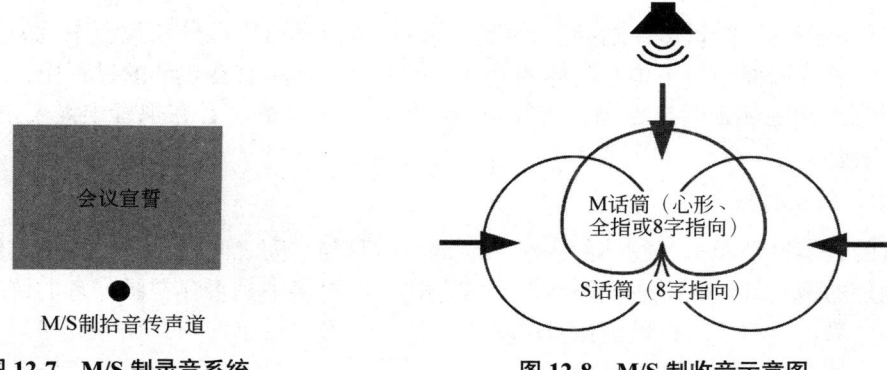

图 12-7　M/S 制录音系统　　　　　图 12-8　M/S 制收音示意图

由于上述信号不完整，需要对其加以调整才能组建成完整的 M/S 制信号。该信号需要经加法器和减法器对上述信号相加或相减后，分别得到的左 L′ 和右 R′ 信号为

$$L' = M + S =（L+C+R）+（L-R）= 2L+C$$
$$R' = M - S =（L+C+R）-（L-R）= 2R+C$$

式中，L 为声源左侧分量信号；R 为声源右侧分量信号；L′ 为传声器经解码后的左声道立体声分量输出信号；R′ 为传声器经解码后的右声道立体声分量输出信号。

12.3.2　拟音修复方案

拟音修复方案在审片时已经完成了初步的修改意见，在拟音修复方案环节可依据拟音录音记录单完善电影音效的设计思路，再根据其中的内容难易程度，完成电影的全部拟音部分。

案例场景二讲述的是日军逼迫村民们供出八路军、民兵的藏身之所。这部分内容时长大致为 2 分钟。其中大多数的声音来自前景、中景，其中又分身上的衣服、装备等声音，地上的鞋子、草地等摩擦声音。另外，背景的声音根据情节与画面的特点，适当设计音效内容。例如，日本军官处在画面前景位置，在其运动过程中，从空间自上而下地思考声音元素：上身的衣着；腰上背着的武器、军刀等；下身的裤子摩擦声；军靴在草地上的摩擦声。

在电影拟音环节需要注意以下部分。

1. 角色人物的细节设定

在人物设计中，通过审片、研讨、观看原著小说完成声音创作的总体方向。电影中的典型人物，需要刻画人物细节，展现人物的张力，声音设计需要格外注意。

2. 空间格局的分配

拟音的空间塑造上，除了通过主拟音话筒对声音的拾取外，还需准备一只副拟音话筒。这是利用墙面的反射来营造一种空间氛围感。此外，利用户外的自然环境声录制的脚步声采样，先与拟音棚内录制的脚步声像结合，再做适度的比例调整，最终得到的声音将更接近真实场景。

3. 人物的虚实化

画面中的声音不能过多、过杂，否则会导致声音混乱难以区分。拟音中就需要有重点地录制，这点像画面中的主体与配体的关系。例如，日本军官在走动的过程中，大部分声音需要围绕人物主体来营造氛围，进行声音的创作。其余的声音在拟音中需要拉开距离，有一个空间感。

4. 道具的真实性

道具的真实性涉及拟音物体的大小与质地、道具与空间之间的声音关系。此外，还需要考虑画外的声音环境，对画面声音的影响，在老旧电影中是否存在画外音的情况，还需要对电影全篇进行审片后再做出拟音的决定。

12.4 拟音录音实战

12.4.1 ADR 录音实战

在录音实战的过程中一定要注重人声与画面的匹配度，尤其是在近景画面拍摄过程中，需要单独调整 ADR 录音宣讲队伍的队形，让男演员、女演员的位置发生改变，以便符合电影画面的元素。如图 12-9 所示，此刻 ADR 录音队伍中，男声应该站在主录音话筒的正前方，当画面切换到女演员在中间时，ADR 录音队伍的中间应该站的则是两位女声。

图 12-9 电影《新儿女英雄传》宣讲片段

当电影画面中呈现出全景画面时，需要按照画面中人物的站位来调整 ADR 录音队伍的顺序（采用 A/B 制录音尤其需要注意这一点），完成方案的录制。

12.4.2 拟音实战

由于电影《新儿女英雄传》拍摄时录制设备、录制条件的限制，大多数音效并未能在影片中呈现。在单声道转 5.1 声道的过程中，后期加入的音效就算是为老旧电影再度创作了。

在电影音效设计中，需要根据角色人物的特征细节、空间格局的分配、人物的虚实化、道具的真实性来完成拟音的录制。这既要拟音的过程中使用真实的物品来录制，又要开展想象空间，用其他物品替代电影中物体发出的声响。

在录制中，除了要把握声音的层次感和纵深感，还要考虑多重声音夹杂是否会影响影片整体的效果，不能影响整体画面的表达，如图 12-10 所示。

图 12-10　拟音场地

12.5　录音棚 ADR 人声补录与声音评价

在电影修复这一复杂而精细的艺术再创造过程中，《新儿女英雄传》作为一部承载着历史记忆与民族精神的经典影片，其老旧电影修复工程中的拟音与录音环节显得尤为重要。

在前期的 5.1 工程搭建教学案例中，对每个项目轨道都做好了部署。人声声音文件在 1~10 轨，拟音组拟音轨道定在 20~30 轨，所以在补录与拟音环节，所录制的声音应该在相应的轨道中，便于后期制作中的调整。

12.5.1 拟音与录音校对流程

在任务 12 中，完成了前期的审听、填写记录单，中期的录音与拟音工作后，就是核对工作。首先，对电影拟录音记录单中的核对，对人声 ADR 的补录与拟音的部分一一校对；其次，审听过程中查看是否存在录音质量的问题；最后，要审听每个拟音或录音项目是否达到录音导演的要求。

12.5.2 录音审核标准

在电影修复过程中，拟音与录音的审核标准是保证修复质量的关键。

1. 音效的真实性

无论是枪声、炮声还是环境音等，都需要力求还原历史时期的真实场景与氛围。为此，修复团队会采用大量的实地录音素材,并结合现代音频技术进行处理与合成,以确保音效的真实可信。

2. 音效与画面的匹配度

音效需要与画面动作紧密相连,不能出现脱节或错位的情况。修复团队在审听过程中会反复比对音效与画面,确保它们之间的同步性与协调性。

3. 音效的清晰度、音量平衡以及氛围营造

拟音与录音部分将录制完成的声音文件在工程内贴好后,会利用效果器、调整音量对音效进行精细调整与处理,以确保它们在影片中呈现出最佳的效果。

12.6 保存音频文件

本任务的最后一环就是保存音频文件了,在经过电影的审片、填写录音记录单、拟音与录音的设计、拟音与录音的实战、拟音与录音审听之后,需要将文件保存。在这里给出的建议是,在工程文件中保存一份,另外再做一份备份的文件,以备不时之需,这样才能够防患于未然。

通过以上的工作,任务12到这里就完成了,影片声音修复的最后一个环节就是任务13"后期混音制作"。

后期混音制作

任务表单

学习性工作任务单 13

学习场	影视修复		
学习情境	影视后期声音混音制作		
学习任务	后期混音制作	学时	4 学时（160 分钟）
工作过程	对齐视频画面→初步音量平衡→效果器应用→最终监听与调整		
学习目标	（1）掌握音视频同步方法； （2）掌握效果器的使用方法； （3）对话与背景分离（EQ 的调整）； （4）立体声及环绕声的处理； （5）主观评价与调整		
任务描述	完成电影《新儿女英雄传》修复混音与母带处理		
学时安排	资讯 20 分钟　　计划 10 分钟　　决策 10 分钟　　实施 80 分钟　　检查 10 分钟　　评价 10 分钟		
学生要求	（1）了解多种效果器的使用方法； （2）课前做好预习（电影混音的流程）； （3）电影混音的主观评价		
参考资料	（1）素材包； （2）PPT 课件		

笔 记

资讯单 13

学习场	影视修复		
学习情境	影视后期声音混音制作		
学习任务	后期混音制作	学时	20 分钟
工作过程	对齐视频画面→初步音量平衡→效果器应用→最终监听与调整		
收集资讯	（1）教师讲解； （2）互联网查询； （3）学生交流； （4）企业项目标准		
资讯描述	根据相关素材，分析项目的标准要求，获取相关信息，使用相关技术拟音与录音		
学生要求	（1）准备好学习用品及任务书； （2）课前做好预习； （3）了解效果器的使用； （4）拟音与录音		
参考资料	（1）素材包； （2）PPT 课件； （3）"拾音技术"课程		

笔 记

任务13　后期混音制作

计划单 13

学习场	影视修复		
学习情境	影视后期声音混音制作		
学习任务	后期混音制作	学时	10 分钟
工作过程	对齐视频画面→初步音量平衡→效果器应用→最终监听与调整		
计划制订	（1）学生分组讨论完成混音与母带的制作； （2）制订相关插件混音与母带的流程； （3）终混监听与调整相关的参数		

序　号	工作步骤	注意事项
1	电影《新儿女英雄传》视频与音频的对齐	关注多项目导入之后的时间
2	调整人声、音乐与音响的音量平衡	多项目导入之后均衡项目音量大小
3	对白、音乐、动效、环境音混录	分别发送到相应的 Bus 轨道
4	效果器——EQ 均衡	调整各个音轨之间的频率响应
5	效果器——压缩	环境噪声、录音的技巧
6	效果器——混响	少用，尊重电影原片
7	对话与背景分离——效果器肥波	
8	音乐与音效融合	音量平衡与画面、声音的主次关系
9	立体声与环绕声处理	调整声像之间的位置
10	最终混音	轨道音量平衡、相位关系
11	母带处理	限制最大电平、添加噪声门
12	审核与调整	根据电影行业响度标准调整音量
13	导出与交付	将最终混音音频导出，交付视频后期

	班　级		第＿＿组	组长签字	
	教师签字		日　　期		
计划评价	评语：				

笔　记

决策单 13

学习场	影视修复			
学习情境	影视后期声音混音制作			
学习任务	后期混音制作	学时	10 分钟	
工作过程	对齐视频画面→初步音量平衡→效果器应用→最终监听与调整			

计划对比

序　号	计划的可行性	计划的经济性	计划的可操作性	计划的实施难度	综合评价
1					
2					
3					
4					
5					
6					
7					
8					

	班　级		第___组	组长签字	
	教师签字		日　期		
决策评价	评语：				

笔　记

任务13　后期混音制作

实施单 13

学习场	影视修复		
学习情境	影视后期声音混音制作		
学习任务	后期混音制作	学时	80 分钟
工作过程	对齐视频画面→初步音量平衡→效果器应用→最终监听与调整		
序　号	实施步骤	注意事项	
1	电影《新儿女英雄传》视频与音频的对齐	使用时间码，校对时间	
2	调整人声、音乐与音响的音量平衡	人声、音乐音响的音量均衡情况	
3	对白、音乐、动效、环境音混录	尊重原作、简单混音，发送至 Bus	
4	效果器——EQ 均衡	声音的均衡，尤其是在多重声音环境中	
5	效果器——压缩	录制音效时注意细微声音的变化	
6	效果器——混响	注意这个混响的量	
7	对话与背景分离——效果器肥波	侧链压缩，注意避让人声，让人声更凸出	
8	音乐与音效融合	动效、环境音与音乐之间的比例问题	
9	立体声与环绕声处理	对任务 12 的校对与调整	
10	最终混音		
11	母带处理	统一电影中的高潮与低谷的电平大小	
12	审核与调整	根据平台要求调整电影响度	
13	导出与交付	导出 5.1 声道格式并交付	
实施说明	（1）电影画面分析，按照缺失的信息从地面到天空完成录音单的情况记录； （2）根据拟音室与录音棚的实际情况选择录音话筒； （3）ADR 录音应该考虑混响时间与声场表现，调整话筒距离（尽量不将更多工作丢给后期）； （4）根据录制的情况，进行评价与保存		
实施评价	班　　级		第___组	组长签字	
	教师签字		日　　期		
	评语：				

笔　记

检查单 13

学习场	影视修复			
学习情境	影视后期声音混音制作			
学习任务	后期混音制作		学时	10 分钟
工作过程	对齐视频画面→初步音量平衡→效果器应用→最终监听与调整			
序　号	检查项目	检查标准	学生自查	教师检查
1	资讯环节	电影混音的相关资讯		
2	计划环节	混音的流程计划		
3	实施环节	音量的配比、效果器的使用标准、响度标准		
4	检查环节	逐一检查各个环节		
检查评价	班　　级		第___组	组长签字	
	教师签字		日　　期		
	评语：				

笔 记

任务13　后期混音制作

评价单 13

学习场	影视修复			
学习情境	影视后期声音混音制作			
学习任务	后期混音制作	学时		10分钟
工作过程	对齐视频画面→初步音量平衡→效果器应用→最终监听与调整			
评价项目	评价子项目	学生自评	组内评价	教师评价
资讯环节	（1）教师讲解； （2）互联网查询情况； （3）学生交流情况； （4）企业项目标准情况			
计划环节	（1）查询资料情况； （2）在企业项目档期内拟音与录音			
实施环节	（1）学习态度； （2）后期混音的实践情况； （3）审听录音评价			
最终结果	综合情况			
评　价	班　级		第___组	组长签字	
	教师签字		日　期		
	评语：				

笔 记

教学引导文设计单 13

学习场	影视修复	学习情境	影视后期声音混音制作			
		学习任务	后期混音制作			
普适性工作过程	典型工作过程					
	资讯	计划	决策	实施	检查	评价
视频与音频的对齐	教师讲解	查询资料	行业标准操作	根据工程视频完成	获取信息相关情况	评价流程
调整人声、音乐与音响的音量平衡	教师讲解	查询资料	计划预期效果	实践操作	主观评价	评价学习态度
对白、音乐、动效、环境音混录	教师讲解	查询资料	计划的可操作性	列出方案细节	方案的逻辑性	混音方案的评价
效果器——EQ 均衡	教师讲解	主观评价列出计划	计划的可操作性	根据评价调整参数	主观评价结果	评价修正后效果
效果器——压缩	教师讲解	查询资料	计划预期效果	调整压缩的音频	检查电平压缩情况	评价修正后效果
效果器——混响	教师讲解	查询资料	计划预期效果	混音前后对比	检查混响的效果	评价修正后效果
对话与背景分离——效果器肥波	教师讲解	查询资料	计划的可操作性	侧链压缩动态 EQ	主观评价结果	评价修正后效果
音乐与音效融合	教师讲解	查询资料	计划的预期效果	侧链压缩动态 EQ	主观评价结果	评价修正后效果
立体声与环绕声处理	主观评价	查询资料	是否达到预期	耳机与监听对比	主观评价结果	评价修正后效果
最终混音	行业标准	查询资料	企业标准	5.1 监听室混音调试	主观评价结果	理论与实践的评价
母带处理	教师讲解	查询资料	计划预期效果	5.1 监听室混音调试	主观评价结果	评价修正后效果
审核与调整	主观评价	查询资料	计划预期效果	5.1 监听室混音调试	主观评价结果	评价修正后效果
导出与交付	企业项目标准	查询资料	是否达到预期	保存工程文件	文件双备份	完成度评价

笔 记

任务13　后期混音制作

教学反馈单（学生反馈）13

学习场	影视修复		
学习情境	影视后期声音混音制作		
学习任务	后期混音制作	学时	4学时（160分钟）
工作过程	对齐视频画面→初步音量平衡→效果器应用→最终监听与调整		
调查项目	序号	调查内容	理由描述
	1	资讯环节	
	2	计划环节	
	3	实施环节	
	4	检查环节	

您对本次课程教学的改进意见：

| 调查信息 | 被调查人姓名 | | 调查日期 | |

笔　记

分组单 13

学习场	影视修复							
学习情境	影视后期声音混音制作							
学习任务	后期混音制作			学时		4学时（160分钟）		
工作过程	对齐视频画面→初步音量平衡→效果器应用→最终监听与调整							
分组情况	组别	组长			组员			
	1							
	2							
	3							
	4							
	5							
	6							
	7							
分组说明								
班　　级			教师签字			日　　期		

笔　记

任务13　后期混音制作

教师实施计划单 13

学习场	影视修复				
学习情境	影视后期声音混音制作				
学习任务	后期混音制作		学时	4学时（160分钟）	
工作过程	对齐视频画面→初步音量平衡→效果器应用→最终监听与调整				
序　号	工作与学习步骤	学时	使用工具	地点	方式	备注
1	资讯情况	20分钟	互联网			
2	计划情况	10分钟	计算机 监听音箱			
3	决策情况	10分钟				
4	实施情况	80分钟	音频工作站			
5	检查情况	20分钟	音频工作站			
6	评价情况	20分钟	5.1审听室、耳机			
班　级			教师签字		日　期	

笔　记

成绩报告单 13

_____班级_____姓名_____学习场（课程）成绩报告单

学习场	影视修复			
学习情境	影视后期声音混音制作			
学习任务	后期混音制作		学时	4学时（160分钟）
评分项	自评	小组评	教师评	企业导师评
资讯				
计划				
决策				
实施				
检查				

笔 记

理 论 指 导

电影后期混音的最终阶段，无疑是整个制作流程中最为精细且充满创意的篇章，它不仅是对声音的终极雕琢，还是将影片情感与氛围推向高潮的艺术表现。在这一阶段，混音师如同声音的魔术师，将前期拆分、修复乃至 5.1 声道工程搭建等繁复工作中积累的每个声音片段，巧妙地编织成一幅和谐共生、引人入胜的声音画卷。

电影修复制作在这一最终阶段，混音师不仅要确保各音频元素间的平衡与和谐，更要深入挖掘影片的情感内核，通过巧妙的音量控制、声像布局及效果处理，引导观众的情绪起伏，营造出超越视觉的沉浸式体验。无论是激昂的战斗场面，还是细腻的情感交流，都能通过精准的声音设计得到完美呈现。

13.1 对齐音视频画面

在电影修复的复杂流程中，将分散的音频小项目重新整合并与视频画面精准对齐，是声音后期混音不可或缺的关键步骤。这一环节不仅考验技术人员的专业能力，还是对耐心与细致精神的极致挑战。

1. 导入项目

在 ProTools 中，将多个工程文件导入一个工程文件中，虽然并不直接通过 AAF（Advanced Authoring Format）文件来实现，但 AAF 文件在音频后期制作流程中扮演着重要角色，特别是在不同软件或系统间传输时间线媒体和元数据方面。然而，当需要在 ProTools 中整合多个工程文件时，通常会通过 Import Session Data（导入工程数据）功能或类似的工作流程来完成。

2. 导入 AAF 文件到 ProTools

在 ProTools 中，可以通过"文件"菜单中的"导入"选项或直接双击 AAF 文件（如果 ProTools 已设置为默认打开 AAF 文件的应用程序）来导入 AAF 文件。确保 AAF 文件中的音频和视频轨道正确对齐，并根据需要调整时间码和其他设置。

3. 将多个工程文件整合到一个工程中

虽然 AAF 文件不是直接用于整合多个 ProTools 工程文件的工具，但可以通过导出和导入 AAF 文件（或其他支持的格式）来间接实现这一目标。

导入方法是，在 ProTools 中打开目标工程文件，然后使用"导入"→"工程数据"功能来选择并导入其他工程文件中的音轨、插件设置、自动化等数据，如图 13-1 和图 13-2 所示。

在导入过程中，可以选择需要导入的数据类型，在如图 13-3 所示的左侧的工程数据栏中，可以勾选相关的数据内容；右侧轨道选择上，可以新建轨道，也可以导入现有的轨道，但是导入之后需记录目标轨道，在导入之后可以整理这一项目的轨道以便后期混音时的调整。当所有信息确认之后可以选择确定，导入工程文件中。

图 13-1 "菜单"中的文件"导入"窗口

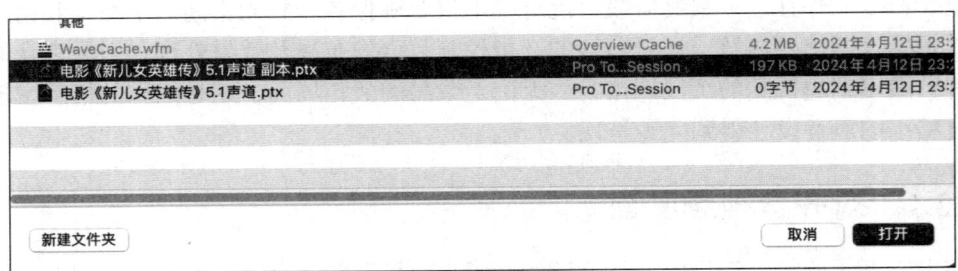

图 13-2 导入视频窗口

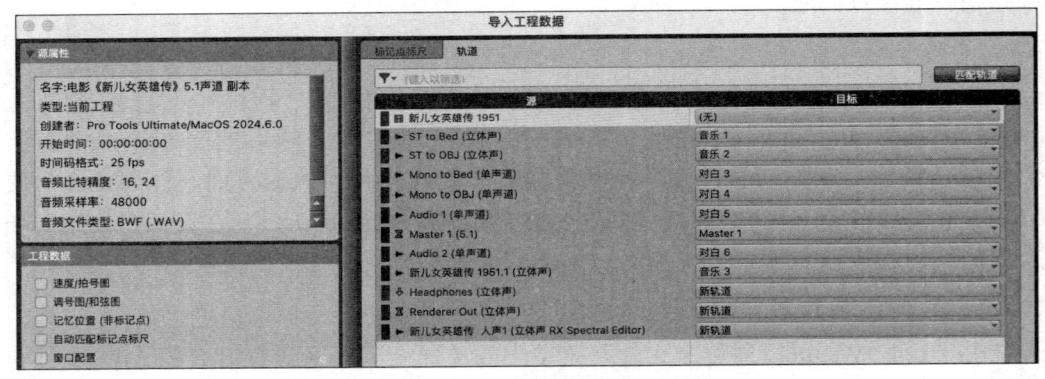

图 13-3 "导入工程数据"窗口

通过 ProTools 的导入功能，可以轻松地将这些音频片段整合到一个总工程文件中，为后续的对齐工作奠定基础。

4. 同步时间码工作

接下来，时间码对齐成为重中之重。由于电影在拆解修复过程中，音视频文件可能因处理时间、技术差异等原因产生微小的时间偏移，必须借助时间码这一精确的时间标记系统，确保音频与视频画面的完美同步。

在时间码对齐过程中，需仔细比对音频波形与视频画面中的关键帧（如对白开始、动作发生等），通过微调音频片段的起始点，直至音频波形与视频画面完全吻合。这一过程往往需要反复试听、观察，甚至借助专业的同步测试工具来辅助完成。

通过这一系列操作，不仅能够实现音视频画面的精准对齐，还能为后续的音量平衡、效果器应用等混音工作打下坚实的基础。最终，当所有音频片段都完美融入电影中时，观众将能够获得一场视听效果俱佳的观影体验。

13.2 初步音量平衡

在音频处理中，特别是在导入多个项目内容时，确保各个项目之间的声音量均衡和统一是至关重要的，这有助于提升整体音频的连贯性和专业度。这里整理了一些关键步骤和技巧，用于在初步阶段实现音量平衡，特别是针对多项目组合的情况。

1. 标准化参考电平

设定基准：首先，选择一个或多个参考音频文件作为音量基准。这些文件应具有代表性的音量水平，能够反映整个项目中期望的音量水平，一般以电影原声的音量作为参考系数。

测量和调整：使用音频处理软件（ProTools）中的音量表或电平表来测量参考文件的平均音量或峰值音量，并将其作为后续调整的基准。

2. 逐一检查和调整

逐一审查：对每个项目文件进行逐一审查，特别注意那些可能具有显著不同音量水平的部分，如对话、音效、音乐等。

使用音量滑块或插件：在音频处理软件中，使用音量滑块或音量插件来调整每个文件的音量，使其接近之前设定的基准音量。这可能涉及对特定片段或整个文件的音量调整。

3. 自动化音量调整

利用自动化功能：许多音频处理软件都提供了自动化功能，允许用户根据时间线创建音量自动化点。这有助于在音频播放过程中自动调整音量，确保整体音量水平的平滑过渡。

通过以上的总结，考虑到后期还需要进行对白、动效、环境、音乐等总线的混音，所以目前位置，只在音量轨道中做响应的调整即可。另外也可以使用音量自动化完成相关的音量调整。

选择一个轨道（见图13-4），在轨道左侧找到波形，波形的边上有个倒三角形，单击并选择音量（见图13-5），此时轨道上有一根黑色的线，在工具栏中单击铅笔工具（也可使用快捷键F10），如图13-6所示，这时长按键盘上的Ctrl键或Command键，把光标移动到轨道的黑色线上，然后根据需要可以画出声音大小，绘画出线条，如图13-7所示。

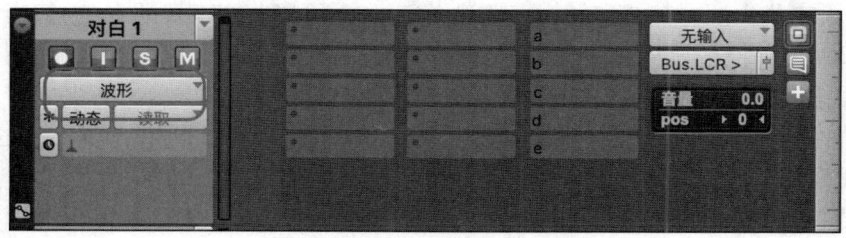

图13-4 对白1轨道

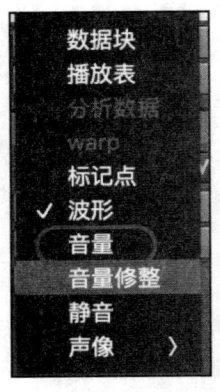

图 13-5　编辑界面轨道栏

图 13-6　编辑界面工具栏

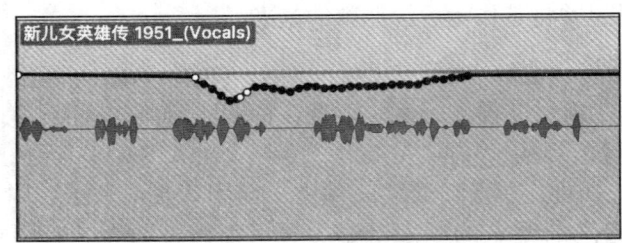

图 13-7　对白 1 轨道栏

13.3　效果器应用

从电影信息的记录到修复信息的评估，需要一个周密而翔实的计划。场景一画面拍摄的是一个室内的会议室，由于原定音频降噪修复方案失败，导致后期的修复工作转交录音 ADR 补录，这就要针对这一幕的场景，量身设计一个录音环境（可以是真实的录音棚环境，也可以是后期模拟的会议室）以适应电影中的场景音响效果。

13.3.1　EQ 均衡器的使用

在音频修复过程中，由于多重声音的叠加，需要表达出导演想要表达的意境，或是突出声音主体，那么 EQ 的调整就显得十分必要且重要了。这是由于扬声器和声场在不同频率下的响应可能存在差异，通过调整 EQ 可以补偿这些差异，使音频输出更加平衡和自然。不同乐器、人声或声源有其特定的频率特性，调整 EQ 可以改变声音的音色、清晰度和动态，从而更好地匹配作品的风格和情绪。适当调整 EQ 可以使音频听起来更加饱满、明亮或有力，根据作品需求和听众喜好调整声音效果，提升整体听觉体验。

下面介绍的这款插件为 ProTools 自带的强大的 EQ3 7B，如图 13-8 所示。这款插件不仅占用系统资源少，而且效果十分好。它的界面中分为输入（INPUT）和输出（OUTPUT）单元，主要控制输入与输出的音量大小；下面是 HPF 低切和 LPF 高切的开关，单击 IN 则可以打开这个开关，如在遇到需要降低低频部分，可以开启这个低切通道。这个开关在输入时就直接切掉相应的频段了。接下来则是 5 个频段开关，即 LF 低频、LMF 中低频、MF 中频、HMF 高中频、HF 高频。可以通过调整 Q 值，调整频段的平滑度，FAEQ 可以调整频段选取的具体位置，GAIN 则表示需要增加或降低的分贝值。在后期混音过程中，根据轨道中音频的作用和性质调整相关的数值即可。

图 13-8　EQ3 7B 效果插件

13.3.2　压缩器的使用

压缩器就是控制音频信号的动态范围，即减少音频中最响亮部分与最安静部分之间的音量差异。这对于人声、鼓、贝斯、吉他等乐器尤为重要，因为它们往往具有较大的动态范围。通过压缩器，可以确保音频信号在录制和混音过程中保持稳定的电平，避免在后期处理中需要大幅度地调整信号的增益。

在后期制作过程中，压缩器能够提升音频信号的一致性，使声音听起来更加连贯和统一。在压缩过程中，较响的部分会被降低音量，而较静的部分则相对保持不变或略有提升。这样，整个音频信号的平均电平就会被提高，从而在听觉上产生更响的效果。

除了控制动态范围外，压缩器还可以通过改变音频信号的包络来影响音色。通过调整压缩器的参数（如阈值、压缩比、起音时间和释放时间等），可以重塑音频信号的动态包络，从而改变声音的音色特性。

在混音过程中，如果音频信号的电平过高，就可能导致削波和失真现象的发生。压缩器可以通过限制音频信号的最大电平来防止这种情况的发生。

压缩器常用的功能包括 Threshold（阈值）、Ratio（压缩比）、Attack（启动时间、Relesae（释放时间）、PDR（峰值检测释放），如图 13-9 所示。

Threshold（阈值）：图 13-9 使用的是 C1 Compressor 压缩器，主要功能是动态压缩。左侧的 Compe / Exp 是压缩或扩展的阈值，它的功能主要是指多少分贝以上的声音将会被压缩

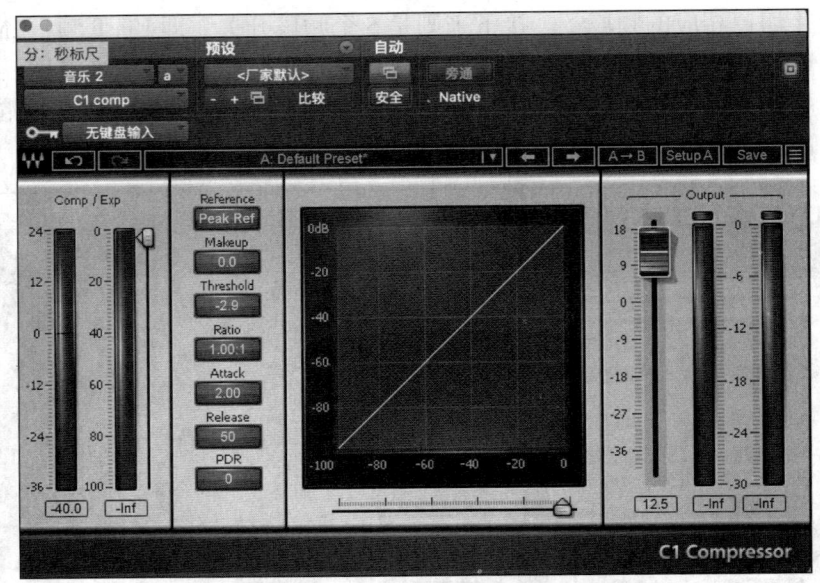

图 13-9 效果压缩器 C1 Compressor

器压小声音。在设置的过程中，应该把阈值设置在正常音量范围，超过的部分将会被压缩。

Ratio（压缩比）：压缩比例 2.00∶1 就是指超出阈值的声音被压缩成一半。例如，超出阈值 2dB 将会被压缩成 1dB。

Attack（启动时间）：压缩器需要多久才能把音量压小。启动时间短，压缩器会一瞬间把音量大的部分压小，对音头影响大。如果启动时间长，则压缩器还未开始工作，需要压缩的部分已经过去，导致不能很好地压缩声音文件。

Release（释放时间）：压缩器压小音量之后，花多少时间把音量恢复到正常。释放时间短，压缩器通常会提前放出音尾，声音更有亲近感。释放时间长，压缩器压缩完大音量电平后，还没有来得及释放，继而又压缩到音量并不大的地方。要显示出自然的状态，一般 Attack（启动时间）保持在 8~12ms，保留声音的冲劲，按需调慢，Release（释放时间）大约在 300ms，追求亲近感，按需调快。

PDR（峰值检测释放）：根据用户输入的信号调整释放时间。

调整压缩器的基本原则：既保证基本情绪变化，又不会因为过度压缩导致声音音量状态变化太大，而失去动态范围。过度压缩，表现出的声音状态就是把原本应该起伏的声音，压缩的不明显了。所以，这里需要制作者多思考多审听，在既保证原有情绪的情况下，又能发挥出最大的作用。

13.4 对话人声避让

对话人声避让功能在影视配音作品中扮演着重要角色，尤其当电影中人声与非人声因素（如背景音乐、环境音效等）同时出现时，这种技术就显得尤为重要。一般需要针对部分的声音频段进行避让，同时也有控制非人声音频的音量、动态响应等，这种操作就是侧链技术。

任务13 后期混音制作

在音频处理中,侧链功能通常用于通过一个音频信号(侧链信号)来控制另一个音频信号(目标信号)的某些属性,如音量、均衡等。

这里选用的是 Fabfilter(肥波)侧链 Pro·C² 插件。FabFilter Pro·C² 插件是一款高品质的动态处理器插件,专为音频制作中的压缩需求而设计。Pro·C² 适用于各种压缩需求,包括母带压缩、主唱人声压缩、黏合鼓组和 EDM 律动感塑造等。其提供八种不同的压缩风格,包括 Clean、Classic、Opto、Vocal、Mastering、Bus、Punch 和 Pumping,以满足不同音频处理场景的需求。

13.3 节介绍了 C1 Compressor 压缩器,Fabilter Pro·C² 也是十分好用的压缩器,但它需要提供一个外部信号,来控制目标信号的压缩。

Fabilter Pro·C² 插件的使用也十分简单,将人声对话的 Bus 总轨中发送一个信号给所需要避让的其他(动效、环境、音乐等)Bus 总轨,如图 13-10 所示。

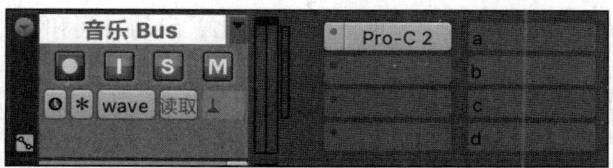

图 13-10 编辑界面——音乐 Bus 轨道

打开 Fabilter Pro·C² 之后,单击窗口底部的 SIDE CHAIN 按钮,会弹出另外一个扩展窗口,在下方左侧单击 Ext 按钮,如图 13-11 和图 13-12 所示,这时使用的压缩器将以外部的音频信号为依据来处理音乐 Bus 轨道中的压缩器。当有信号输入时,该压缩器开始启动压缩;当外部无输入信号时,压缩器不工作,这样就不会造成压缩器在总轨上针对不需要压缩的部分进行压缩了。

图 13-11 Fabilter Pro·C²(1)

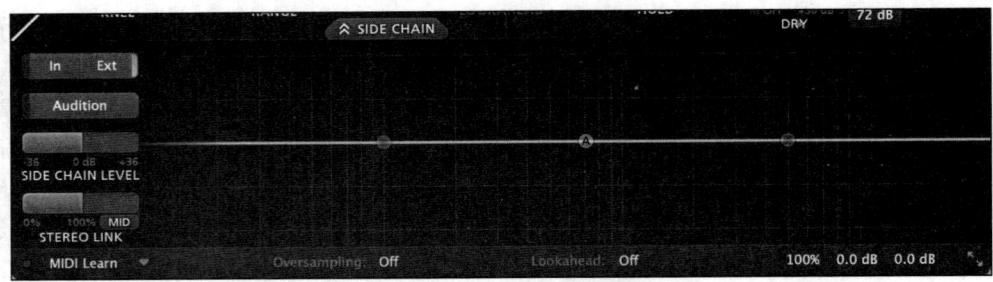

图 13-12　Fabilter Pro·C²（2）

具体的参数设置需要根据相关信号的输入以及需要达到的目的来进行调整，但更重要的是根据自己的听感来判断上述参数值的设置是否准确。

其中，下拉视窗框是输入信号的频谱信息，在播放过程中会实时的显示，可根据频谱的内容，再调整主界面中的参数值，如阀值、压缩比、启动时间和释放时间等。

13.5　音乐与音效融合

音乐与音效的融合也是一项较为复杂的工作，音乐与音效不仅能够增强情感表达，还能营造氛围，使观众更加沉浸在故事中，就必须在音乐音效融合方面调整并进行参数设置。这其中包括情感共鸣与氛围营造、节奏与韵律的协调、层次感的创作、相互渗透与融合、后期制作与调整。在影视电影修复过程中，如果说前面四项是前期创作添加动效与环境音效的部分，那么最后一项则是后期混缩中重要的一环，其中包括混音与平衡、细节处理等。

（1）混音与平衡：在后期制作过程中，混音师需要仔细调整音乐和音效之间的平衡关系，确保它们能够和谐共存并相互增强。这包括调整音量、音色、节奏等多方面。

（2）细节处理：注重音效和音乐在细节上的处理也是非常重要的。例如，在音效的选择上要注意其真实性和与场景的契合度，在音乐的编排上则要考虑其与故事情节和情感氛围的协调性等。

13.6　立体声与环绕声处理

在单声道转 5.1 声道的修复工作中，立体声与环绕声的处理与修复是最后且至关重要的环节。这一过程涉及多个技术步骤，旨在将原始的单声道音频转换成更加丰富、多层次的 5.1 声道环绕声效果。前面章节已经将音频文件拆分并把声音调整到相应的轨道当中，然而，单声道转立体声并不是再增加一个左声道或右声道，而是需要模拟立体声效果，增加音频的宽度和深度感，为后续的环绕声处理打下基础。

下面将需要调整声音的轨道通过 Waves 公司旗下的插件 Reel ADT 来完成声道的数字转换。Waves Reel ADT 插件是一种用于音频处理的插件，它模拟了 Abbey Road 录音棚的经典人工双轨跟踪技术，旨在为用户提供类似 The Beatles 在其最知名专辑中所使用的声音效果。Reel ADT 插件通过模拟真空管磁带机的声音和抖动效果，为用户提供了一种简单而有效的方式来加倍任何音轨，以获得两次独立录制的感觉，从而尽可能接近两个真实录制的音轨叠加的声音。此外,该插件还提供了其他经典的 Abbey Road 磁带效果,如镶边和移相调整,使得用户能够轻松实现音频的加倍和效果处理。

使用 Reel ADT 插件时,用户可以通过为每个信号添加美妙的磁带饱和效果,模拟真空管磁带机的声音和忠实还原的抖动效果,来实现音轨的加倍。这种加倍效果可以使得音频更加饱满和立体,为混音增添深度和宽度。此外,Reel ADT 还允许用户分别给每个信号添加不同的效果,如模拟磁带的镶边和移相调整,进一步丰富了音频的处理选项,使用户能够根据自己的需求调整音频的效果,如图 13-13 所示。

图 13-13　插件 Reel ADT

PAN(声像)的左右两边是调整声像的位置;DRV 是控制声音的环绕效果;MUTE 这个按钮则是哑音,可以单独来监听左右声道的区别;中间的大旋钮 VARISPEED 则是选择声音的偏左还是偏右;Range 可以调整具体声音区间的参数。另外,在窗口的上方还有一些预设的效果参数可供选择。在使用这些参数的时候可以根据相关的预设,来进行调整,最后找到自己想要的效果,如图 13-14 所示。

此外,Waves 公司旗下还有另外一款同样具有模拟转换立体声功能的插件 Doubler4,如图 13-15 所示。这款插件可供调整的细节更多,其中包括增益(Gain)、声像(Pan)、延迟(Delay)、反馈(Fdbk)、Oct(切除)、失谐(Detune)、深度(Depth)、比率(Rate)等。最简单的方法就是通过视窗上方的三个可视化窗口来调整参数,这样可视化的表格方便理解和调整。同样,在 A Default Preset 右边有个下拉箭头,里面有具体的预设参数可供选择和调整。

此外,该插件也可以运用在环绕声中,即 LS、RS 声道的调整中。这不仅可以模拟出双声道的变化,同时可以把声音的层次感、纵深感表现出来。

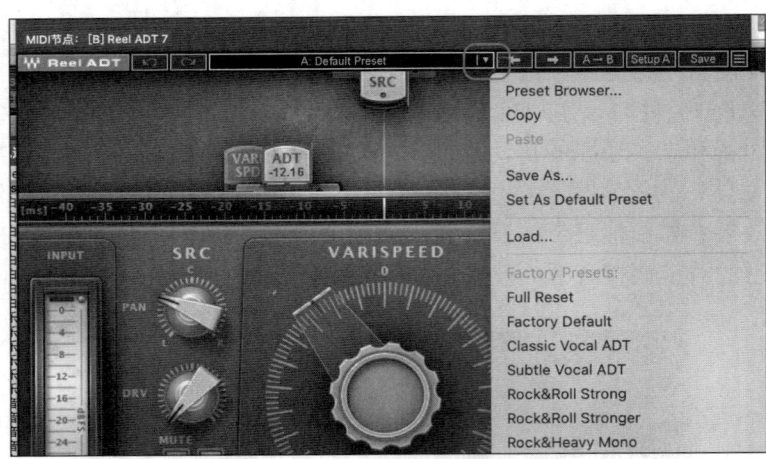

图 13-14 Reel ADT 插件预设参数

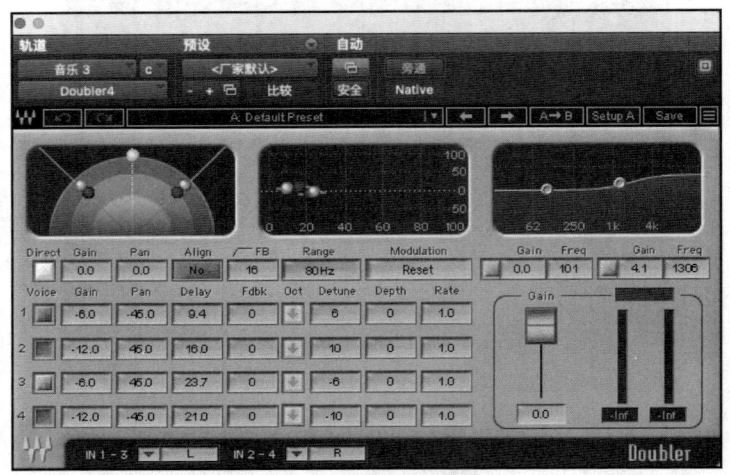

图 13-15 Doubler4

13.7 最终监听与调整

在完成以上混音任务之后，最后是终审与调整环节，在这一环节中，既要监听声音的一致性（不同项目导入后调整的状态），又要监听音频文件的完整性（动效、环境音是否增加完整），还要监听影视声音的协调性（动效、环境与音乐之间的融合度），最后还需要符合国家广播电视电影声音响度的行业标准。所以终审对于声音的要求、把握度极高。

首先，必须把各个轨道的声音发送到相关分类声音的分轨 Bus 中。例如，对白 Bus（c）、对白 Bus（RCL）、音乐 Bus（R、L）、音乐 Bus（RS、LS）、动效 Bus（R、L）、动效 Bus（RS、LS），环境音 Bus（R、L）、环境音 Bus（RS、LS）、动效 Bus（R、L）、动效 Bus（RS、LS），以及 LFE 低频轨道，最后将以上所有轨道声音统一发送到总轨 MIX bus 的相应声道中。完成这项任务之后，开始审核监听电影声音的匹配度，即完成总线处理。

13.7.1 平衡各个音轨

调整不同音轨（如对话、音效、音乐）之间的音量平衡，确保它们之间的音量比例合适，相互协调，不产生冲突，具体的声音配置比例，一切以原创电影声音为依据，在其上创作 5.1 声道声音，还原真实。

13.7.2 声场调整

利用声场处理工具调整声音在虚拟空间中的位置感，增强立体感和层次感。这有助于观众更好地沉浸在电影的场景中。该部分内容，已在 13.6 节中有详细阐述，这里不再赘述。

使用压缩器、限幅器等工具对音频进行动态处理，以控制音频信号的动态范围，避免过大的音量波动给听众造成不适感。由于老旧电影中使用的是光学刻录的声音，或是磁带声音，本身声音动态范围不大，所以在这部分需要增加原有人声的动态范围，这里可以根据对白的内容，完成动态参数的设置，如图 13-16 所示。

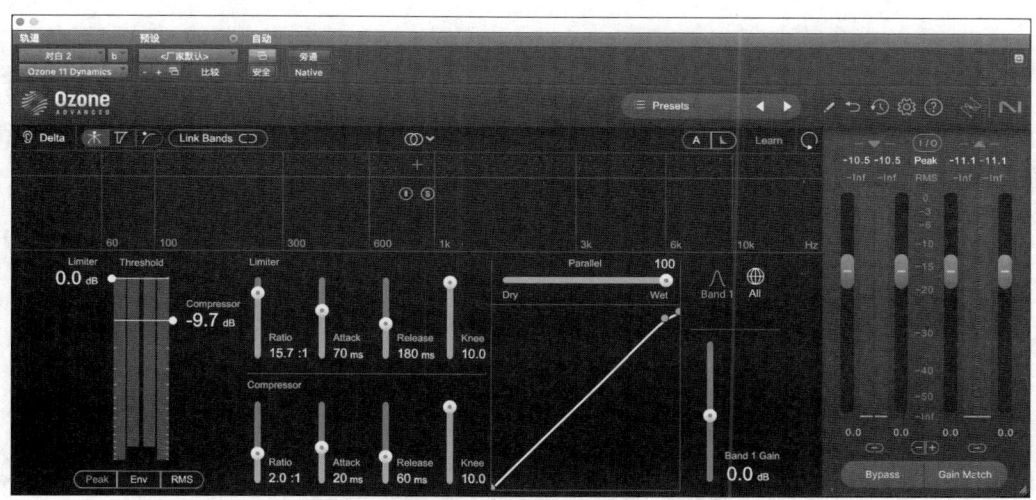

图 13-16　Ozone 11 Dynamics

13.7.3 动态处理

插件 Ozone 11 Dynamics 的具体功能如下。

（1）插件的左侧是 Limiter（限制器）和 Compressor（压缩器），其中 Threshold（阈值）是调节压缩或限制开始生效的音量水平。可以通过调整电平边上的参数达到调整动态的范围。

Ratio（压缩比）：决定压缩的强度。例如，15∶1 意味着超过阈值的音量会被压缩到原来的 1/15。

Attack（起音时间）：声音信号超过阈值后，压缩开始生效的速度。

Release（释放时间）：信号低于阈值后，压缩停止的时间。

Knee（膝位）：设置压缩的过渡柔和程度。该值越高，过渡越平滑。

（2）在另一侧的 Parallel（并行）可以控制声音的干湿比例范围。

Dry/Wet 控制：用于调节 Dry（原始信号）和 Wet（处理后信号）的比例。一般在需要保持自然声音的情况下可以适量增加 Dry 信号。

（3）右侧是 Band（频段）划分，这里可以对整个频率范围分多个频段（如低频、中频、高频）进行独立处理；每个频段有独立的压缩和限制设置（见图 13-16 中 Band 1）。

（4）左下方是 Metering（电平显示），左侧是信号的 Peak（峰值）和 RMS（平均电平）；右侧显示不同频段的增益变化和动态范围变化。

（5）最右侧是 Gain Match（增益匹配），在调整动态时，可以启用增益匹配，确保压缩不会导致音量显著变化。

13.7.4 混响与延迟

根据需要添加适量的混响和延迟效果，模拟不同环境下的声音反射和吸收效果，增强音频的真实感和空间感。在原声电影中有一小部分的声音需要适量地增加音响效果。另外，ADR 补录的部分中，也存在混音与延迟的内容。

13.7.5 母带处理

当完成以上的总线处理之后，还需要对母带进行再次处理。这里对整体音频进行最后的 Master Fader（母带）微调，包括 EQ（整体均衡）、5.1 声像加宽等，以确保音频在所有播放系统中的回放效果都足够优秀。

5.1 声道的 EQ 均衡器 ChnlStrp，如图 13-17 所示；M360 Manager 5.1 动态的处理，如图 13-18 所示。

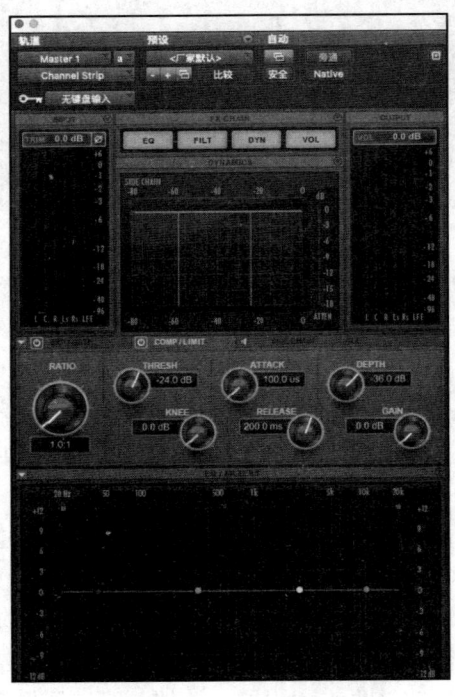

图 13-17　EQ 均衡器 ChnlStrp

图 13-18　Waves M360 Manager 5.1

此外，还要注意不同声道中音量大小的比例问题，这里使用的是 LoAir，它可以在母带中处理各个声道中音量的大小问题，对其进行细微的调整，如图 13-19 所示。

图 13-19　Waves LoAir

由于本书的篇幅限制，这里仅做概述性的介绍，具体的内容将在实践操作中与大家分享。母带处理在这里并不是 2.1 声道的处理，而是 5.1 声道的处理，所以大家需要注意。

13.7.6 响度标准化

当在总线处理中完成了音量的标准化之后，不要以为这是最终的声音的标准。广播、电视、电影甚至流媒体平台都有不同的响度标准。下面以网络视听节目的平均响度为例，网络视听节目的响度标准应为 −15LKFS 或 −24LKFS，容差范围应不超过 ±2LU。考虑到用户接收设备、接收环境、节目类型等不同，网络平台也可同时提供和分发 −15LKFS 和 24LKFS 两种版本供用户选择接收。因此，需要在后期混音的母带处理来完成响度标准的设置。

在声学中，LU（Loudness Units）是另一种表示响度的单位，它结合了声压级和频率对响度的影响。LU 通过等响曲线将不同频率和声压级的声音转化为等响的响度级，从而更准确地反映人耳对声音响度的主观感受。然而，需要注意的是，LU 并不是广泛使用的标准单位，而是在特定领域（如音频处理、听力研究等）中使用的专业单位。

在母带总线中插入 Waves 中的 WLM Plus，如图 13-20 所示，在 WLM Full Reset 的下拉菜单中，找到预制的相关设置的标准，其中可以看到诸多的响度标准参数，如 EBU R 128-LUFS 18、Netfkix 2018 的响度标准等。这个插件需要通过完整播放电影声音的音频，根据预设的相关参数，最终计算出电影中响度的大小，然后通过 Trim 中提示的电影的平均响度，再来手动调整 Gain（增益）。这里选择迪士尼对 5.1 声道响度标准来进行参考演示，如图 13-20 和图 13-21 所示。

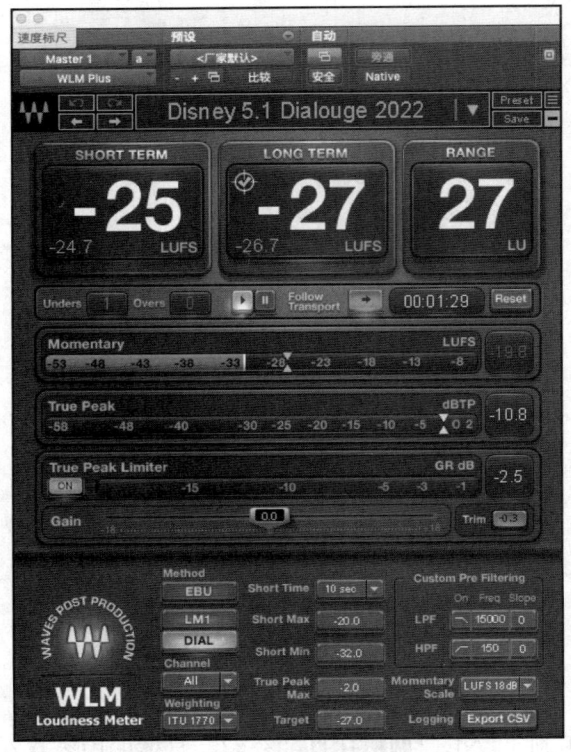

图 13-20　WLM Plus 响度标准化（1）

任务13 后期混音制作

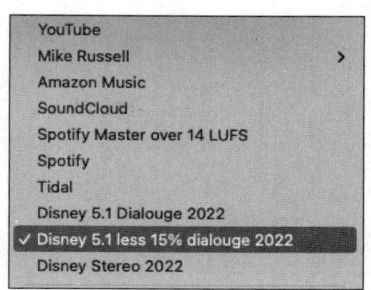

图 13-21　WLM Plus 预设值

通过计算 WLM Plus 给出一个最终的数值，在 WLM Plus 的 Ttim 中可以看到给出的参考标准。这里需要在增益中提升 1.6dB，从而达到迪士尼在 2022 年制订的 5.1 声道的响度标准，如图 13-22 所示。

图 13-22　WLM Plus 响度标准化（2）

最终，经过无数次的调整与优化，电影混音达到了完美的状态，它不仅是影片内容的忠实再现，更是艺术家对声音美学的极致追求。当观众沉浸在电影的每个瞬间时，那些经过精心设计的声音将化作无形的力量，触动心灵，留下深刻的记忆。电影后期混音的最终阶段，正是这样一场关于声音的艺术盛宴，它让影片的每个音符都闪耀着生命的光芒，共同编织出一部视听结合的传世之作。